棒针花样全集

638款

张翠 主编

辽宁科学技术出版社
·沈阳·

主 编：张 翠

编组成员：刘晓瑞 田伶俐 张燕华 吴晓丽 贾雯晶 黄利芬 小 凡 燕 子 刘晓卫 简 单 晚 秋 惜 缘 徐君君 爽 爽 郭建华 胡 芸 李东方 小 凡 落 叶 舒 荣 陈 燕 邓 瑞 飞 蛾 刘金萍 谭延莉 任 俊 风之花 蓝云海 泇果是 欢乐梅 一片云 花狍子 张京运 逸 瑶 梦 京 莺飞草 李 俐 张 霞 陈梓敏 指花开 林宝贝 清爽指 大眼睛 江城子 忘忧草 色女人 水中花 蓝 溪 小 草 小 乔 陈小春 李 俊 黄燕莉 卢学英 赵悦霞 周艳凯 傲雪红梅 香水百合 暖绒香手工坊 蓝调清风 暗香盈袖 果果妈妈

图书在版编目（CIP）数据

棒针花样全集638款/张翠主编. —沈阳：辽宁科学
技术出版社，2021.5（2024.3重印）
ISBN 978-7-5591-1832-5

Ⅰ.①棒 … Ⅱ.①张 … Ⅲ.①毛衣针－绒线－编织－
图解 Ⅳ.①TS935.522-64

中国版本图书馆CIP数据核字（2020）第200795号

出版发行：辽宁科学技术出版社
　　　　　（地址：沈阳市和平区十一纬路25号 邮编：110003）
印 刷 者：辽宁新华印务有限公司
经 销 者：各地新华书店
幅面尺寸：210mm×285mm
印　　张：9.5
字　　数：200千字
出版时间：2021年5月第1版
印刷时间：2024年3月第5次印刷
责任编辑：朴海玉
封面设计：张　霞
版式设计：张　霞
责任校对：栗　勇

书　　号：ISBN 978-7-5591-1832-5
定　　价：49.80元

联系电话：024 - 23284367
邮购热线：024 - 23284502
E-mail：473074036@qq.com
http://www.lnkj.com.cn

目录

1 编织基础入门

手指挂线起针（草图实例）

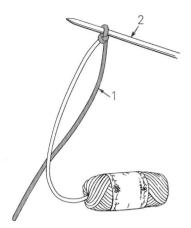

❶ 采用比织针粗 2 倍的针起针，短线端留出约为必要尺寸的 3 倍。

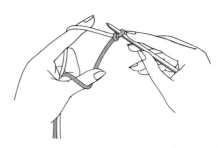

❷ 如图所示将线挂在手指上，短线在大拇指上。

❸ 如箭头所示方向先从拇指上挑线。

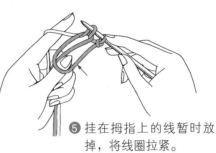

❺ 挂在拇指上的线暂时放掉，将线圈拉紧。

❼ 重复步骤❸。

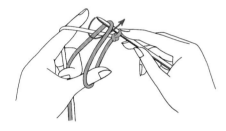

❹ 然后如箭头所示穿过食指线。

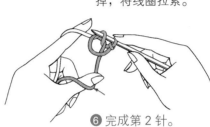

❻ 完成第 2 针。

❽ 反复操作步骤❸~❻。

使用钩针起针方法

因为端部使用的是锁针，所以编织完后不必处理端部，直接收针。这样的起针也适合双反针编织。使用 2 号粗针，起针针数比必要的针数少 1 针，将棒针穿入钩针上的最后 1 针。

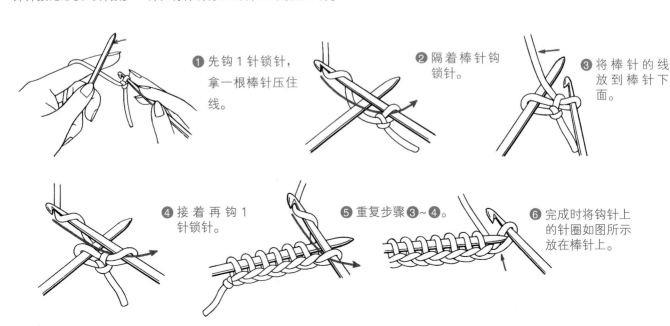

❶ 先钩 1 针锁针，拿一根棒针压住线。

❷ 隔着棒针钩锁针。

❸ 将棒针的线放到棒针下面。

❹ 接着再钩 1 针锁针。

❺ 重复步骤❸~❹。

❻ 完成时将钩针上的针圈如图所示放在棒针上。

别色线锁针起针方法

最好采用尼龙线或棉线等易拆的线，先用钩针钩锁针，再用棒针和主线，从锁针背面的里山上挑针。

❶ 按图示箭头的方向从里山穿入棒针。

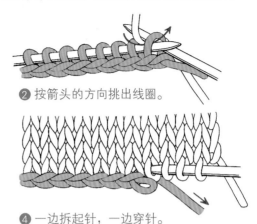

❷ 按箭头的方向挑出线圈。

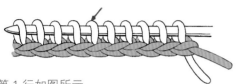

❸ 第 1 行如图所示。

❹ 一边拆起针，一边穿针。

卷针起针方法

因为卷针的起针容易伸展，所以左右针针尖在编织时的间隔不要太宽。这种方法也可以用于编织途中的加针。

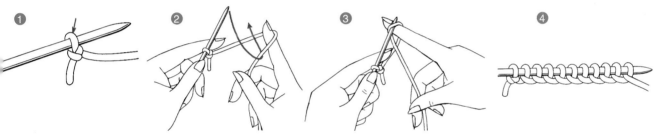

❶　❷　❸　❹

❶ 短线（约为必要尺寸的3倍）长线按箭头方向扭绕。

单罗纹起针方法

（1）用棒针直接起的单罗纹针

此起针法容易收缩，适合粗毛线编织。对于新手可以采用比织罗纹针小 1 号的棒针进行起针，针上挂线时注意不要松弛，起完针之后再用织罗纹针的针进行编织。

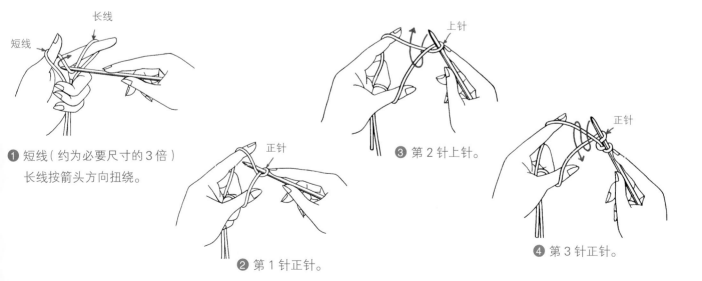

长线
短线

❶ 短线（约为必要尺寸的3倍）长线按箭头方向扭绕。

正针

❷ 第 1 针正针。

上针

❸ 第 2 针上针。

正针

❹ 第 3 针正针。

起针完成之后的编织

❺ 重复步骤❷～❹织出必要的针数，起针完成之后的编织。

❻ 第1行按图示扭转一下线端，然后按滑针、下针、滑针的顺序编织。

❼ 第2行，线端扭转一下，下针和滑针反复编织。

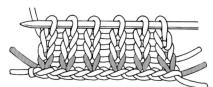

❽ 第3行，从这行起开始编织普通的单罗纹针，1针下针1针上针反复编织。

（2）别色线锁针起针的单罗纹起针法

对初学者而言这是很简单的起针方法，因为端针厚实，适合用在衣边、袖口、门襟等地方。

★方法一

❶ 钩锁针小辫。用棒针挑小辫里山，隔1针挑1针里山。

❷ 使用光滑的其他线编织1行下针。

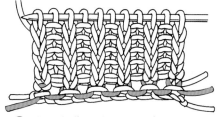

❸ 换回开始使用的线，下针编织3行。

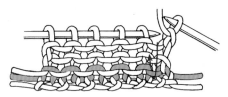

❹ 第4行编织1针上针，右侧的棒针从下方穿入第1行的环中，挑起针穿入左针。

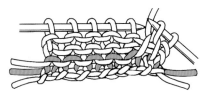

❺ 下针编织❹中挑起的环。按同样要领，反复编织上针1针、正针1针。

❻ 单罗纹进行编织，抽出其他的线。

★方法二

此种起针方法虽然简单，但是特别要注意的是开始编织的第1行如果不固定就容易松。

❶ 钩锁针小辫，棒针穿入锁针的里针。

❷ 使用细2号的针编织1行下针。

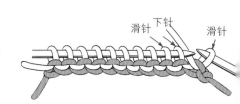

❸ 下针编织第2针，线放置在前面，第3针滑针，从第4针开始反复编织下针、滑针。

❹ 重复步骤❸。

❺ 单罗纹编织1行，拆开起针。

棒针针法符号

Ⅰ = 下针(又称为正针、低针或平针)

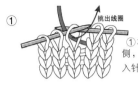

①将毛线放在织物外侧，右针尖端由前面穿入针圈。

②挑出挂在右针尖上的线圈，同时此针圈由左针滑脱。

□ 或 — = 上针(又称为反针或高针)

①将毛线放在织物前面，右针尖端由后面穿入针圈。

②挂上毛线并挑出挂在右针尖上的线圈，同时此针圈由左针滑脱。上针完成。

○ = 空针(又称为加针或挂针)

①将毛线在右针上从下到上绕1次，并带紧线。

②继续编织下一个针圈。到次行时与其他针圈同样织。实际意义是增加了1针，所以又称为加针。

** Q = 扭针**

①将右针从后到前插入第1个针圈(将待织的这1针扭转)。

②在右针上挂线，然后从针圈中将线挑出来，同时此针圈由左针滑脱。

③继续往下织，扭针完成。

q = 上针扭针

①将右针按图示方向插入第1个针圈(将待织的这1针扭转)。

②在右针上挂线，然后从针圈中将线挑出来。

◎ = 下针绕3圈

在正常织下针时，将毛线在右针上绕3圈后从针圈中带出，使线圈拉长。

◎ = 下针绕2圈

在正常织下针时，将毛线在右针上绕2圈后从针圈中带出，使线圈拉长。

V = 上浮针

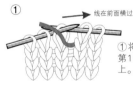

①将线放到织物前面，第1个针圈不织挑到右针上。

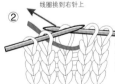

②毛线从第1个线圈的前面横过后，再放到织物后面。

③继续编织下一个线圈。

V = 下浮针

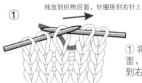

①将线放在织物后面，第1个线圈不织挑到右针上。

②毛线从第1个针圈的后面横过。

③继续编织下一个线圈。

○ = 锁针

①先将线按箭头方向扭成1个圈，挂在钩针上。

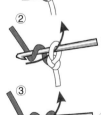

②在步骤①的基础上将线在钩针上从上到下(按图示)绕1次并带出线圈。

③继续操作步骤①~②，钩织到需要的长度为止。

 = 滑针

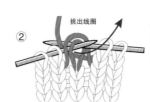

①将左针上第1个针圈退出并松开滑到上一行(根据花型的需要也可以滑出多行),退出的针圈和松开的上一行毛线用右针挑起。

②右针从退出的针圈和松开的上一行毛线中挑出毛线使之形成1个针圈。

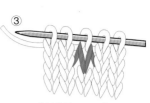

③继续编织下一个针圈。

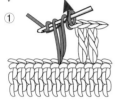 = 枣针(3针长针并为1针)

①将线先在钩针上从上到下(按图示)绕1次,再将钩针按箭头方向插入上一行的相应位置中,并带出线圈。

②在步骤①的基础上将线在钩针上从上到下(按图示)绕1次并带出线圈。注意这时钩针上有2个线圈。

③继续操作步骤②两次,这时钩针上就有4个线圈了。

④将线在钩针上从上到下(按图示)绕1次并从这4个线圈中带出线圈。1针"枣针"操作完成。

X = 短针

①将钩针按箭头方向插入上一行的相应位置中。

②在步骤①的基础上将线在钩针上从上到下(按图示)绕1次并带出线圈。

③继续将线在钩针上从上到下(按图示)再绕1次并带出线圈。

④1针"短针"操作完成。

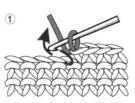
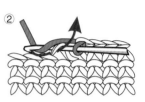

 = 左加针

①左针第1针正常织。

②左针尖端先从这针的前一行的针圈中从后向前挑起针圈。针从前向后插入并挑出线圈。

③继续织左针挑起的这个线圈。实际意义是在这针的左侧增加了1针。

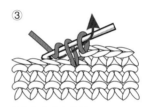 = 右加针

①在织左针第1针前,右针尖端先从这针的前一行的针圈中从前向后插入。

②将线在右针上从下到上绕1次,并挑出线,实际意义是在这针的右侧增加了1针。

③继续织左针上的第1针。然后此圈由右针滑脱。

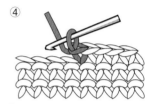

 = 中上3针并为1针

①用右针尖从前往后插入左针的第2针、第1针中,然后将左针退出。

②将线从织物的后面带过,正常织第3针。再用左针尖分别将第2针、第1针挑过,套住第3针。

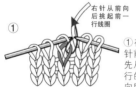

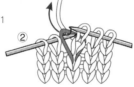 = 右上2针并为1针(又称为拨收1针)

①第1针不织移到右针上,正常织第2针。

②再将第1针用左针挑起套在刚才织的第2针上面,因为有这个拨针的动作,所以又称为"拨收针"。

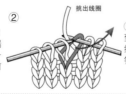

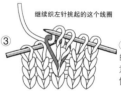 = 左上2针并为1针

①右针按箭头的方向从第2针、第1针插入线圈中,挑出绒线。

②再将第2针和这两个针圈从左针退出,并针完成。

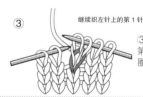

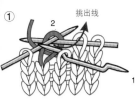

① = 1针下针右上交叉

挑出线

① 第1针不织移到曲针上，右针按箭头的方向从第2针针圈中挑出绒线。

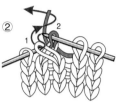

② 再正常织第1针(注意：第1针是从织物前面经过)。

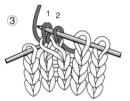

③ "1针下针右上交叉"完成。

① = 1针下针左上交叉

挑出线

① 第1针不织移到曲针上，右针按箭头的方向从第2针针圈中挑出线。

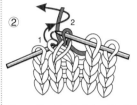

② 再正常织第1针(注意：第1针是从织物后面经过)。

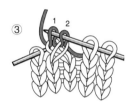

③ "1针下针左上交叉"完成。

① = 1针扭针和1针上针右上交叉

① 第1针暂不织，右针按箭头方向插入第2针线圈中。

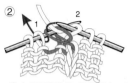

② 在步骤①的第2针线圈中正常织上针。

③ 再将第1针扭转方向后，右针从上向下插入第1针的线圈中带出线圈（正常织下针）。

① = 1针扭针和1针上针左上交叉

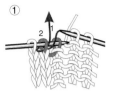

① 第1针暂时不织，右针按箭头方向从第1针前插入第2针线圈中（这样操作后这个线圈是被扭转了方向的）。

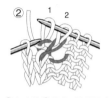

② 在步骤①的第2针线圈中正常织下针。然后再在第1针线圈中织上针。

① = 1针下针和1针上针左上交叉

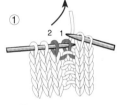

① 先将第2针下针拉长从织物前面经过第1针上针。

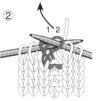

② 先织好第2针下针，再来织第1针上针。"1针下针和1针上针左上交叉"完成。

① = 1针右上套交叉

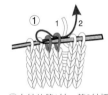

① 右针从第1针、第2针插入，将第2针挑起从第2针的线圈中通过并挑出。

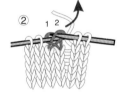

② 再将右针由前向后插入第2针并挑出线圈。

③ 正常织第1针。

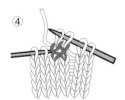

④ "1针右上套交叉"完成。

① = 1针左上套交叉

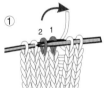

① 将第2针挑起套过第1针。

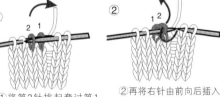

② 再将右针由前向后插入第2针并挑出线圈。

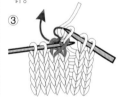

③ 正常织第1针。

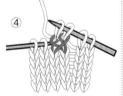

④ "1针左上套交叉"完成。

① = 1针下针和1针上针右上交叉

① 先将第2针上针拉长从织物后面经过第1针下针。

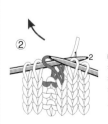

② 先织好第2针上针，再来织第1针下针。"1针下针和1针上针右上交叉"完成。

① = 1针下针和2针上针左上交叉

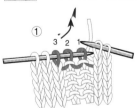

① 将第3针下针拉长从织物前面经过第2针和第1针上针。

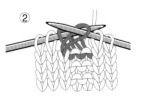

② 先织好第3针下针，再来织第1针和第2针上针。"1针下针和2针上针左上交叉"完成。

① = 1针下针和2针上针右上交叉

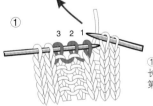

① 将第1针下针拉长，从织物前面经过第2针和第3针上针。

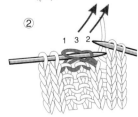

② 先织好第2针、第3针上针，再来织第1针下针。"1针下针和2针上针右上交叉"完成。

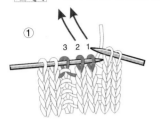 =2针下针和1针上针右上交叉

① 将第3针上针拉长，从织物后面经过第2针和第3针下针。

② 先织第3针上针，再来织第1针和第2针下针。"2针下针和1针上针右上交叉"完成。

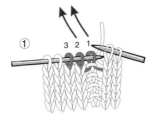 =2针下针和1针上针左上交叉

① 将第1针上针拉长，从织物后面经过第2针和第3针下针。

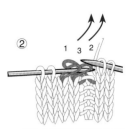

② 先织第2针和第3针下针，再织第1针上针。"2针下针和1针上针左上交叉"完成。

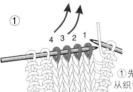 =2针下针右上交叉

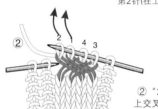

① 先将第3针、第4针从织物后面经过并分别织好它们，再将第1针和第2针从织物前面经过并分别织好第1针和第2针(在上面)。

② "2针下针右上交叉"完成。

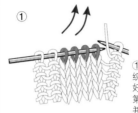 =2针下针左上交叉

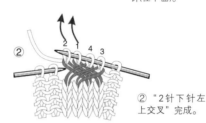

① 先将第3针、第1针从织物前面经过并分别织好它们，再将第1针和第2针从织物后面经过并分别织好第1针和第2针(在下面)。

② "2针下针左上交叉"完成。

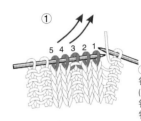 =2针下针右上交叉，中间1针上针在下面

① 先织第4针、第5针，再织第6针上针(在下面)，最后将第2针、第1针拉长从织物的前面经过后再分别织第1针和第2针。

② "2针下针右上交叉，中间1针上针在下面"完成。

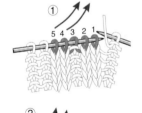 =2针下针左上交叉，中间1针上针在下面

① 先将第4针、第5针从织物前面经过，再分别织好第4针、第5针，再织第3针上针(在下面)，最后将第2针、第1针拉长从上针的前面经过，并分别织好第1针和第2针。

② "2针下针左上交叉，中间1针上针在下面"完成。

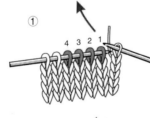 =3针下针和1针下针左上交叉

① 先将第1针拉长从织物后面经过第4针、第3针、第2针。

② 分别织好第2针、第3针和第4针，再织第1针。"3针下针和1针下针左上交叉"完成。

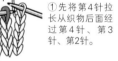 =3针下针和1针下针右上交叉

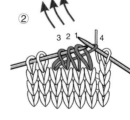

① 先将第4针拉长从织物后面经过第4针、第3针、第2针。

② 先织第4针，再分别织好第1、第2和第3针。"3针下针和1针下针右上交叉"完成。

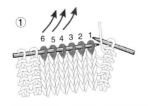 =3针下针右上交叉

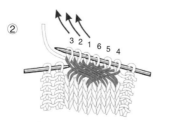

① 先将第4针、第5针、第6针从织物后面经过并分别织好它们，再将第1针、第2针、第3针从织物前面经过并分别织好第1针、第2针和第3针(在上面)。

② "3针下针右上交叉"完成。

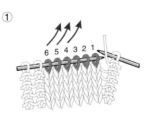 =3针下针左上交叉

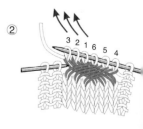

① 先将第4针、第5针、第6针从织物后面经过并分别织好它们，再将第1针、第2针、第3针从织物前面经过并分别织好第1针、第2针和第3针(在上面)。

② "3针下针左上交叉"完成。

＝3针下针左上套交叉

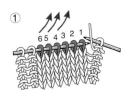

①先将第4针、第5针、第6针拉长并套过第1针、第2针、第3针。

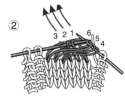

②再正常分别织好第4针、第5针、第6针和第1针、第2针、第3针，"3针下针左上套交叉"完成。

 ＝3针下针右上套交叉

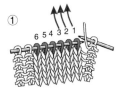

①先将第1针、第2针、第3针拉长并套过第4针、第5针、第6针。

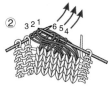

②再正常分别织好第4针、第5针、第6针和第1针、第2针、第3针，"3针下针右上套交叉"完成。

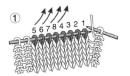 ＝4针下针右上交叉

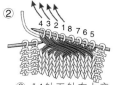

①先将第5针、第6针、第7针、第8针从织物后面经过并分别织好它们，再将第1针、第2针、第3针、第4针从织物前面经过并分别织好第1针、第2针、第3针和第4针(在上面)。

②"4针下针右上交叉"完成。

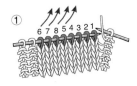 ＝4针下针左上交叉

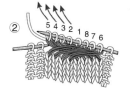

①先将第5针、第6针、第7针、第8针从织物前面经过并分别织好它们，再将第1针、第2针、第3针、第4针从织物后面经过并分别织好第1针、第2针、第3针和第4针(在下面)。

②"4针下针左上交叉"完成。

＝在1针中加出3针

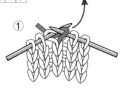

①将线放在织物外侧，右针尖端由前面穿入活结，挑出挂在右针尖上的线圈，左针圈不要松掉。

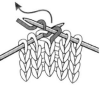

②将线在右针上从下到上绕1次，并带紧线，实际意义是又增加了1针，左线圈仍不要松掉。

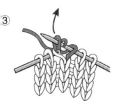

③仍在这一个线圈中继续编织步骤①，1次。此时左针上形成了3个线圈。然后此活结由左针滑脱。

＝在1针中加出5针

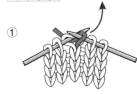

①将线放在织物外侧，右针尖端由前面穿入活结，挑出挂在右针尖上的线圈，左线圈不要松掉。

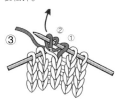

③在1个线圈中继续编织步骤①，1次。此时右针上形成了3个线圈。左线圈仍不要松掉。

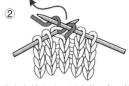

②将线在右针上从下到上绕1次，并带紧线，实际意义是又增加了1针，左线圈仍不要松掉。

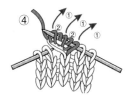

④仍在这一个线圈中继续编织步骤①~②，1次。此时右针上形成了5个线圈。然后此活结由左针滑脱。

＝5针并为1针，又加成5针

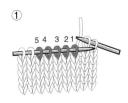

①右针由前向后从第5针、第4针、第3针、第2针、第1针(5个线圈中)插入。

②将线在右针尖端从下往上绕过，并挑出挂在右针尖上的线圈，左针5个线圈不要松掉。

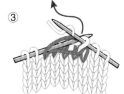

③将线在右针上从下到上绕1次，并带紧线，实际意义是又增加了1针，左线圈不要松掉。

④仍在这5个线圈中继续编织步骤①~②各1次。此时右针上形成了5个线圈。然后这5个线圈由左针滑脱。

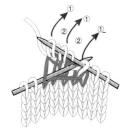

2 创意配色花样

01　10针12行1个花样

02　10针12行1个花样

03　14针17行1个花样

04　9针7行1个花样

05　10针12行1个花样

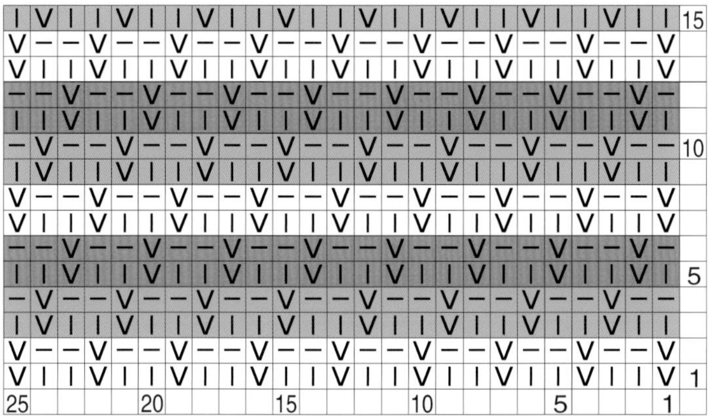

06

4针4行1个花样

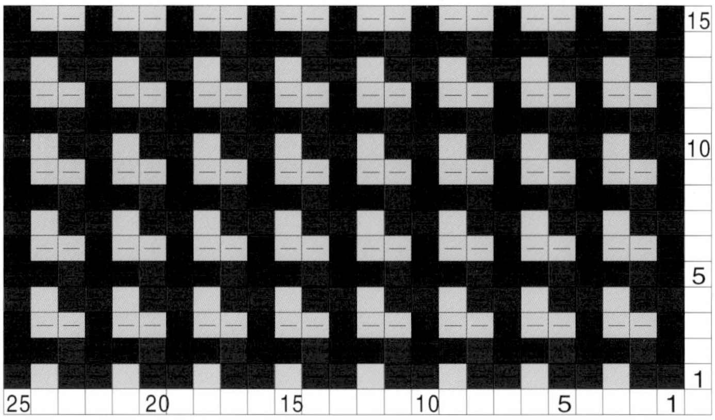

07

3针3行1个花样

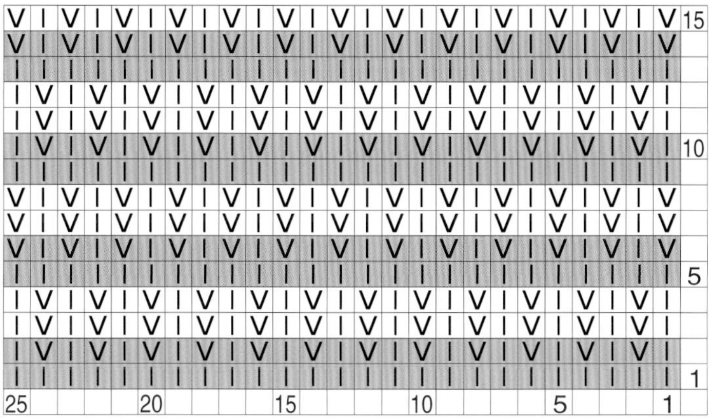

08

2针8行1个花样

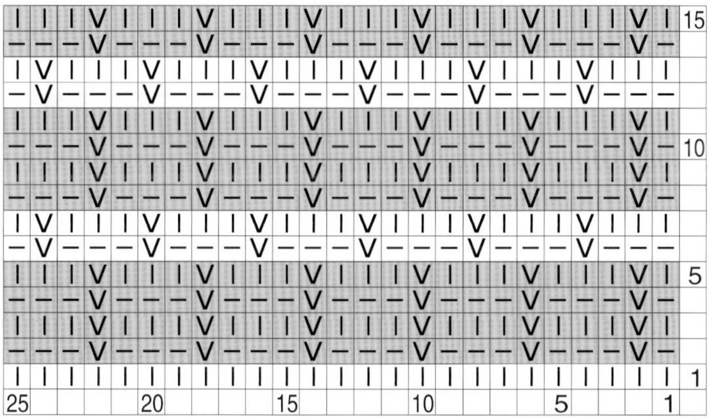

09

2针2行1个花样

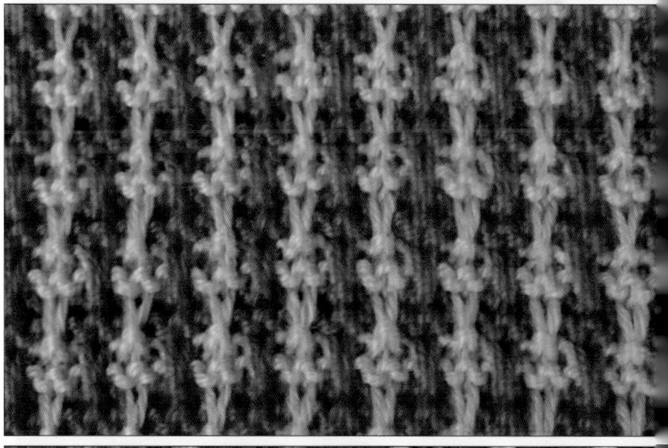

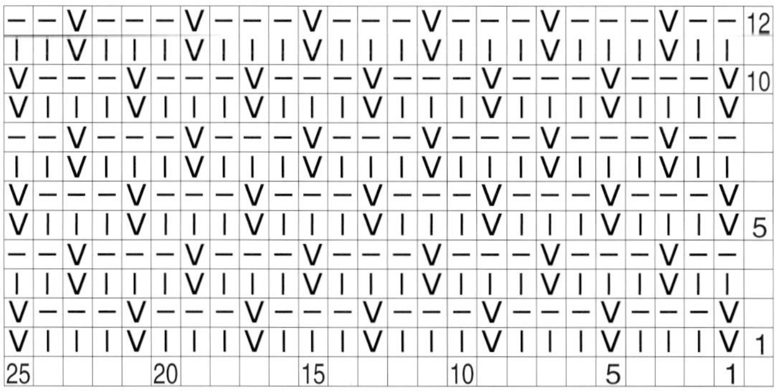

10

4针4行1个花样

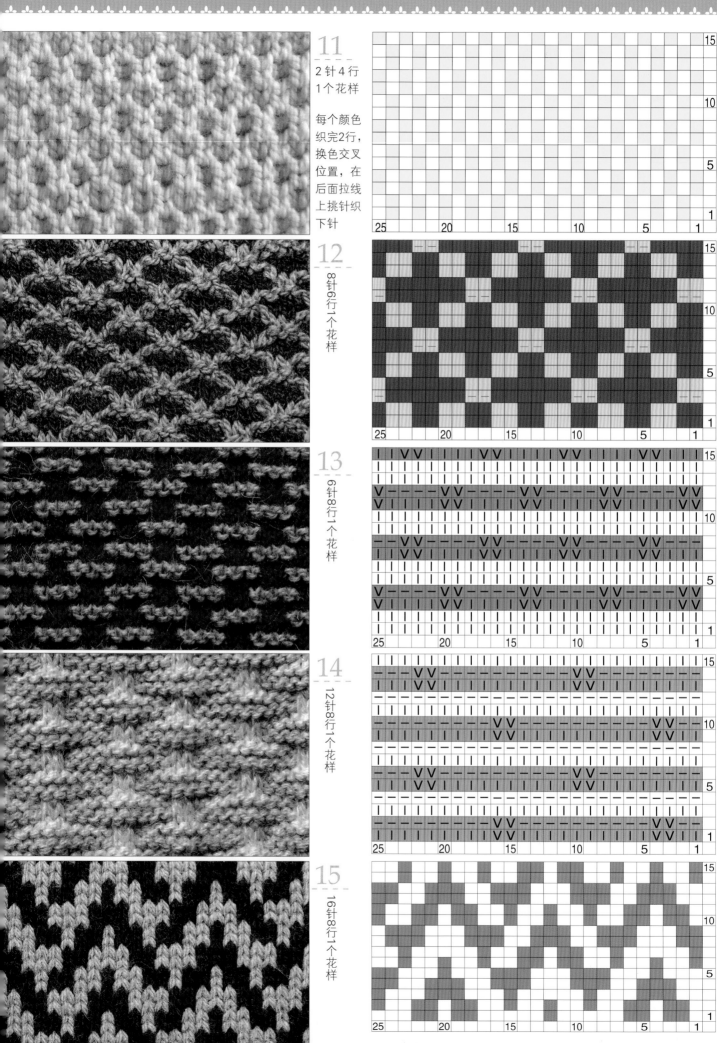

11

2 针 4 行
1 个花样

每个颜色
织完2行，
换色交叉
位置，在
后面拉线
上挑针织
下针

12

8针6行1个花样

13

6针8行1个花样

14

12针8行1个花样

15

16针8行1个花样

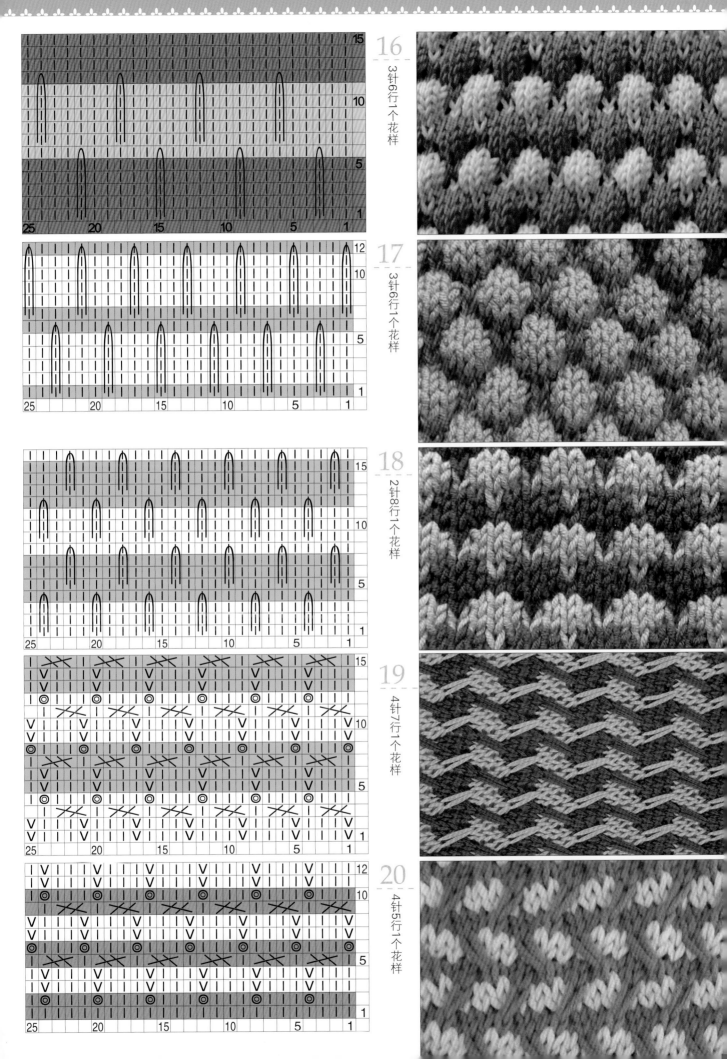

16 3针6行1个花样

17 3针6行1个花样

18 2针8行1个花样

19 4针7行1个花样

20 4针5行1个花样

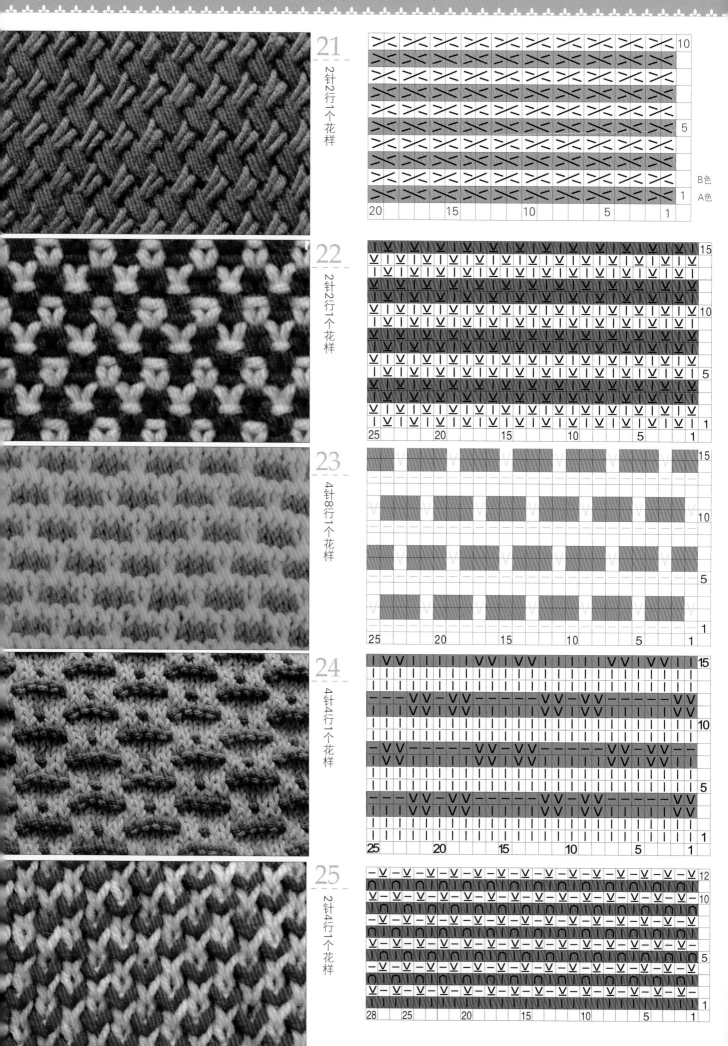

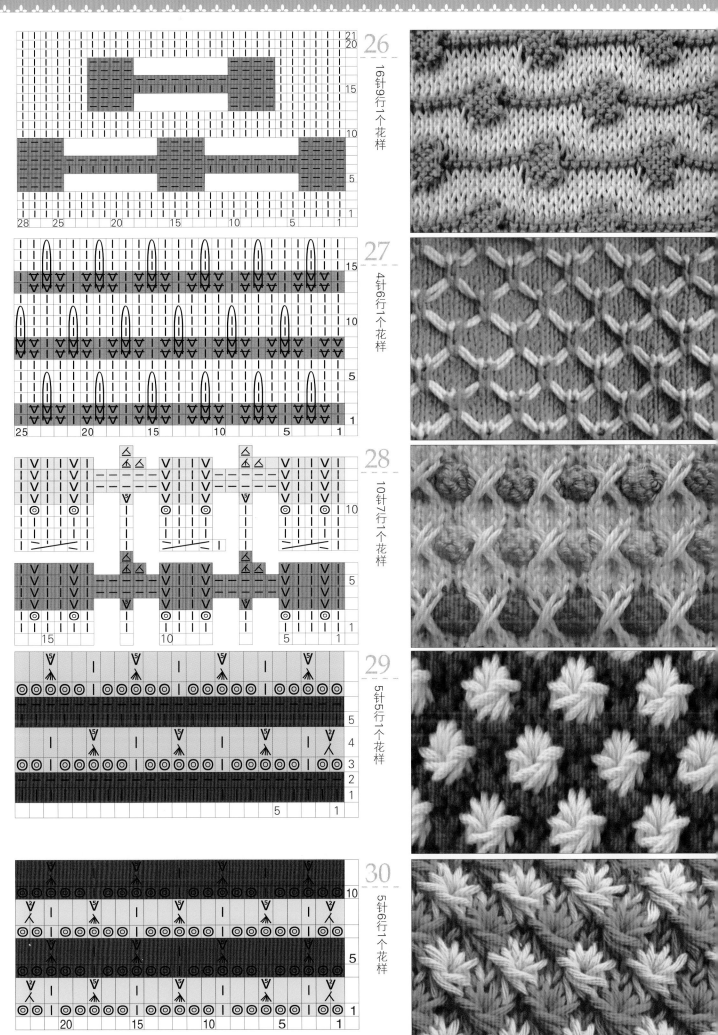

26
16针9行1个花样

27
4针6行1个花样

28
10针7行1个花样

29
5针5行1个花样

30
5针6行1个花样

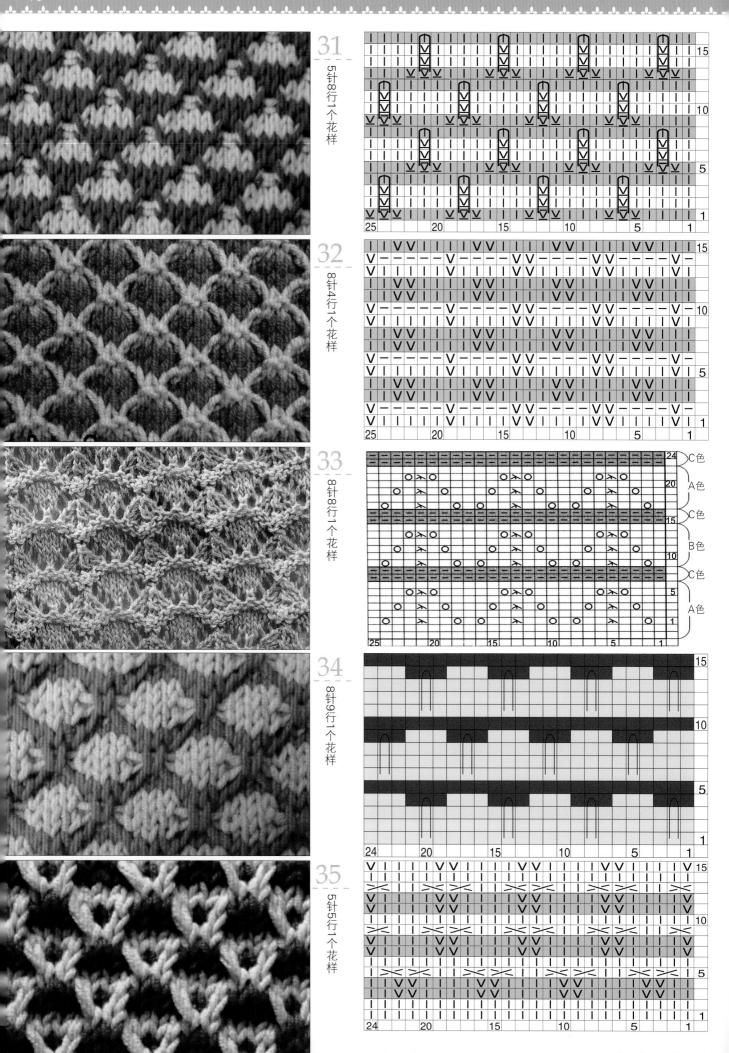

31　5针8行1个花样

32　8针4行1个花样

33　8针8行1个花样

34　8针9行1个花样

35　5针5行1个花样

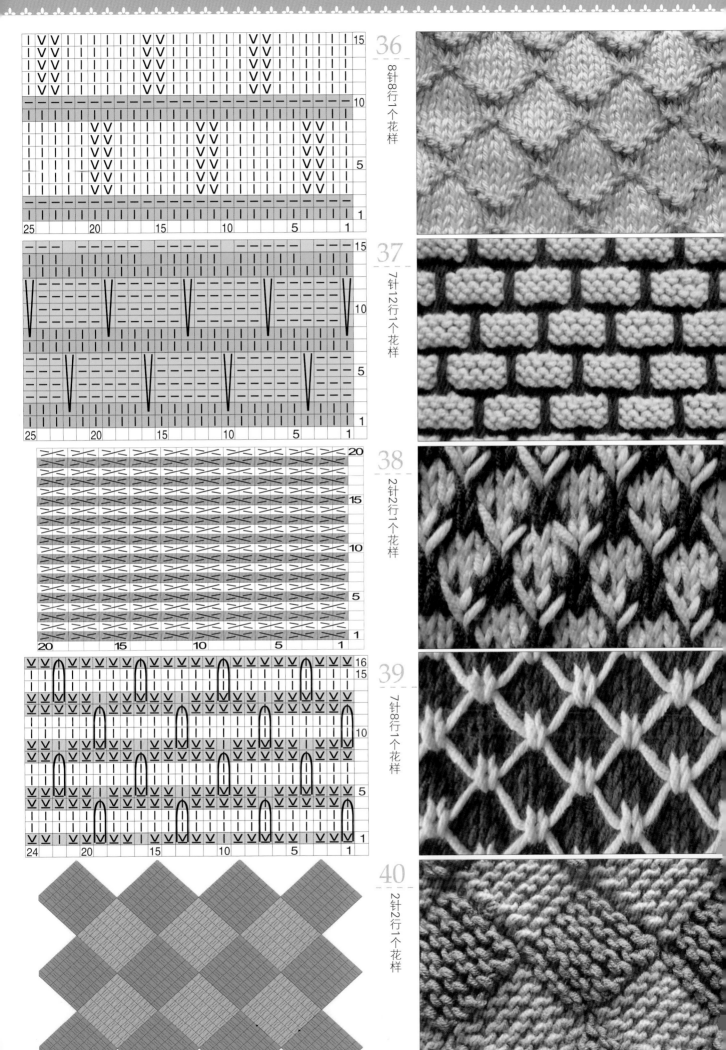

36

8针8行1个花样

37

7针12行1个花样

38

2针2行1个花样

39

7针8行1个花样

40

2针2行1个花样

41 6针13行1个花样

42 20针4行1个花样

43 4针8行1个花样

44 6针10行1个花样

45 4针8行1个花样

■ 棕色下针
— 棕色上针
☆ 白色上针
☆ 白色下针

46　8针12行1个花样

47　4针6行1个花样

48　24针22行1个花样

49
☑ 浅灰色浮针
☑ 黑色浮针
⊟ 浅灰色上针
⊟ 黑色上针

50　4针5行1个花样

51　8针11行1个花样

52　15针28行1个花样

53　9针8行1个花样

54　9针10行1个花样

55　4针8行1个花样

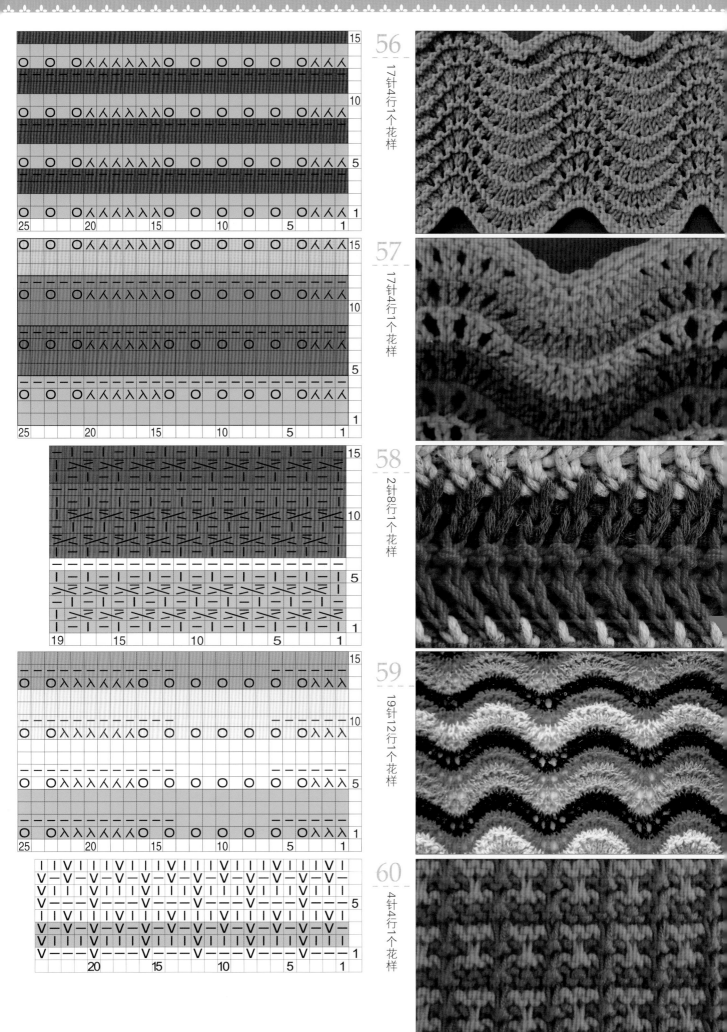

56　17针4行1个花样

57　17针4行1个花样

58　2针8行1个花样

59　19针12行1个花样

60　4针4行1个花样

61　24针15行1个花样

62　28针14行1个花样

63　22针4行1个花样

□ 正面织下针，反面织上针

● 正面织上针，反面织下针

◢ 左上2针并1针　用织下针的
方法将两针织在一起（减1针）

◣ 右下2针并1针（以下针方向
分别滑2针，将左棒针穿过两
滑针前方，织成1个下针）

◤ 右下3针并1针（滑1针，
织左下2针并1针，将滑针套
过并针）

◢ 同一个针目里面织（1针下针，
绕线加1针，1针下针）

64　57针46行1个花样

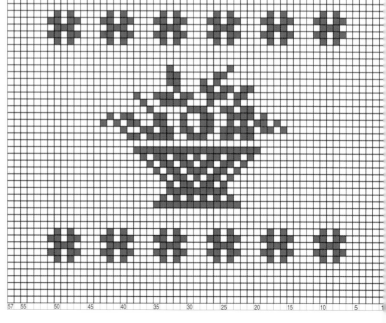

65~68

3 经典缕空花样

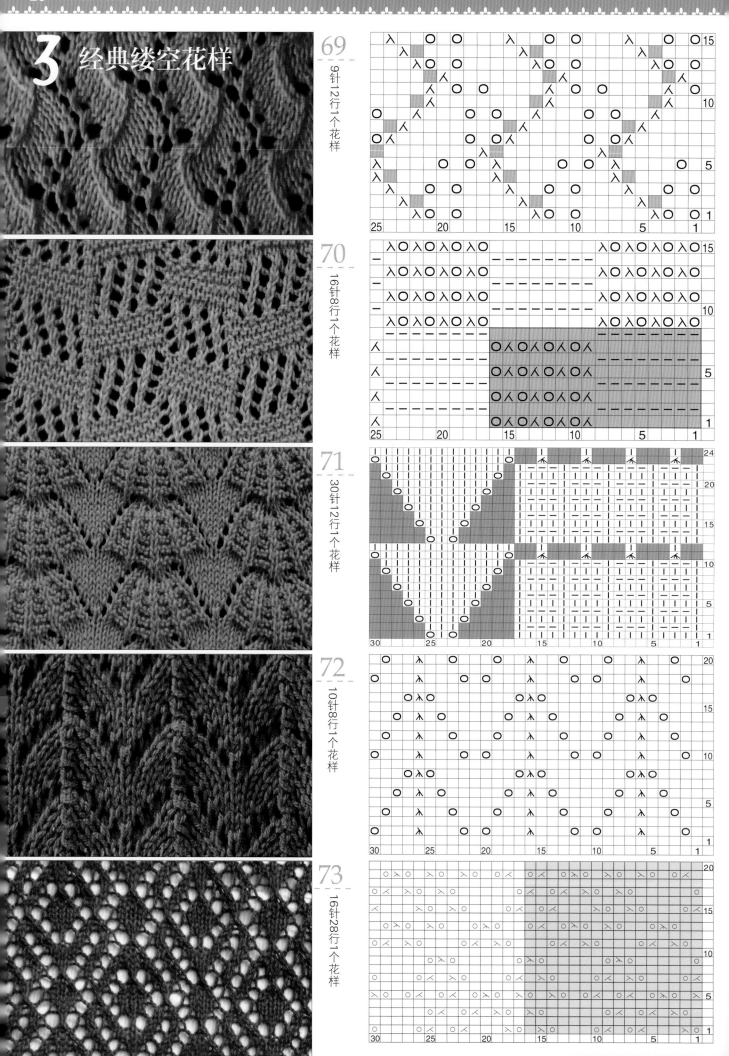

69　9针12行1个花样

70　16针8行1个花样

71　30针12行1个花样

72　10针8行1个花样

73　16针28行1个花样

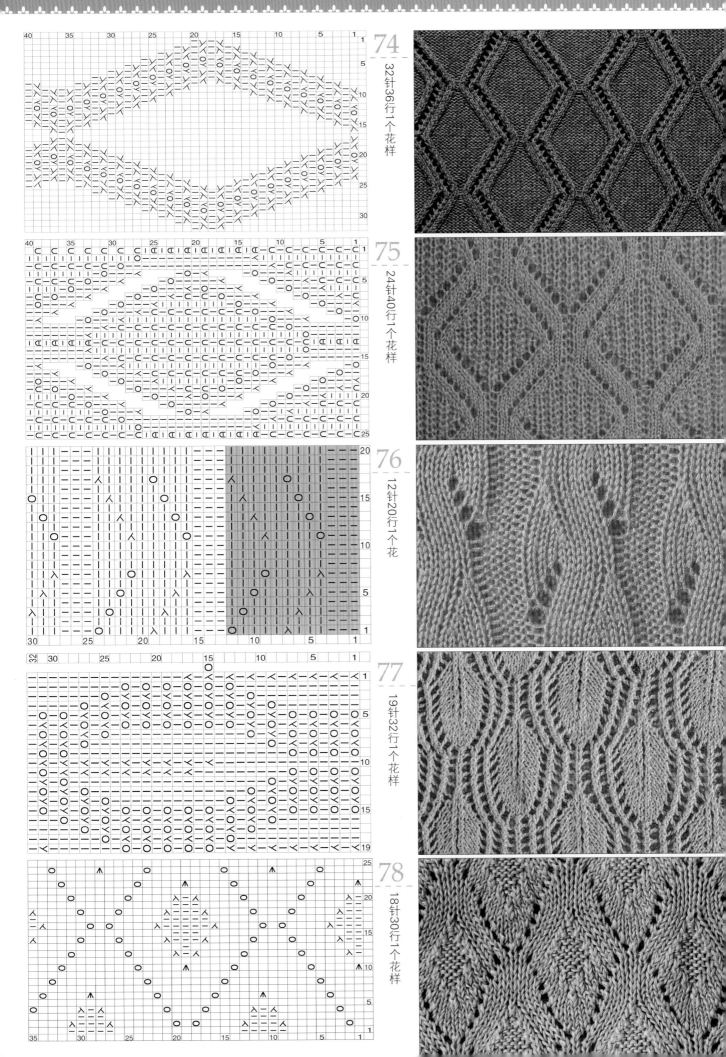

74　32针36行1个花样

75　24针40行1个花样

76　12针20行1个花

77　19针32行1个花样

78　18针30行1个花样

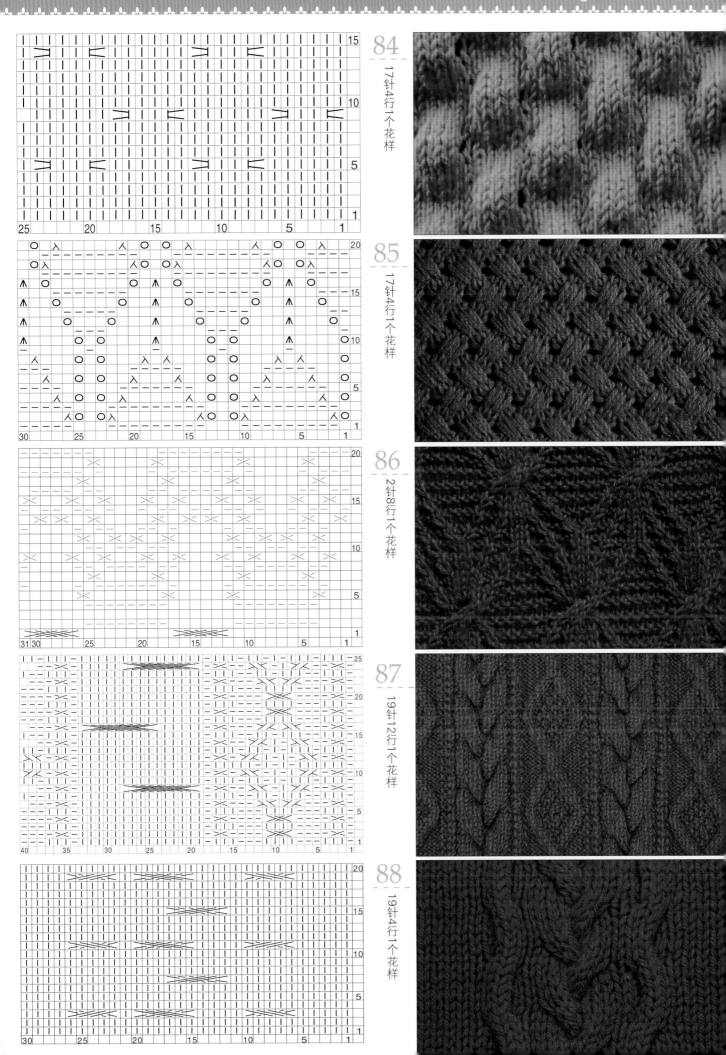

84
17针4行1个花样

85
17针4行1个花样

86
2针8行1个花样

87
19针12行1个花样

88
19针4行1个花样

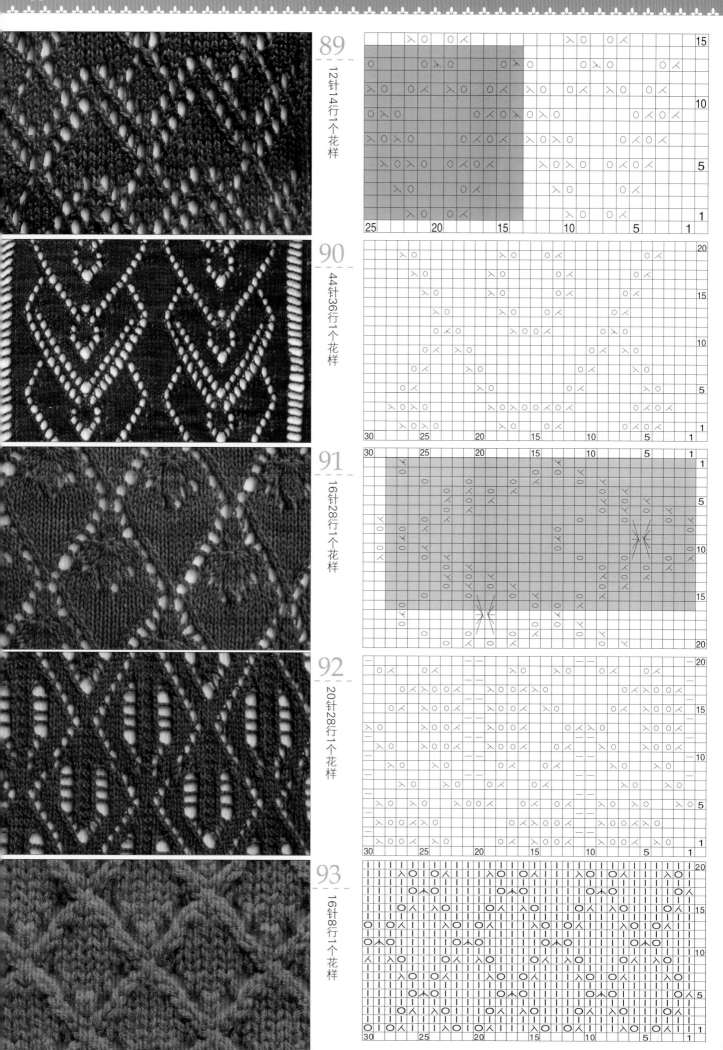

89　12针14行1个花样

90　44针36行1个花样

91　16针28行1个花样

92　20针28行1个花样

93　16针8行1个花样

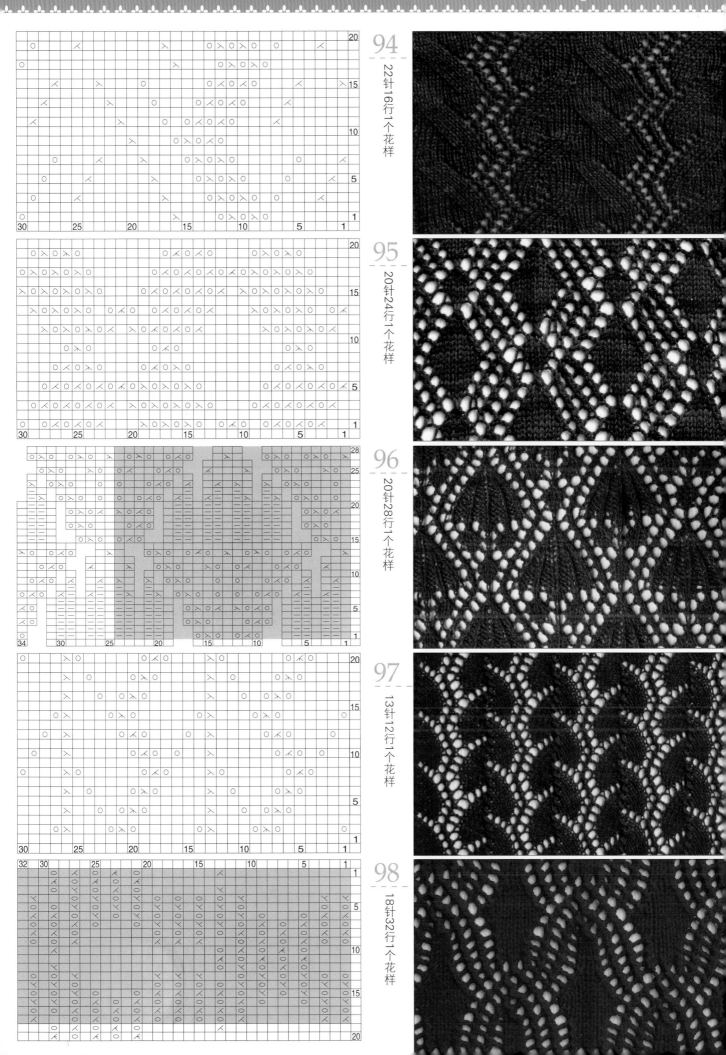

94
22针16行1个花样

95
20针24行1个花样

96
20针28行1个花样

97
13针12行1个花样

98
18针32行1个花样

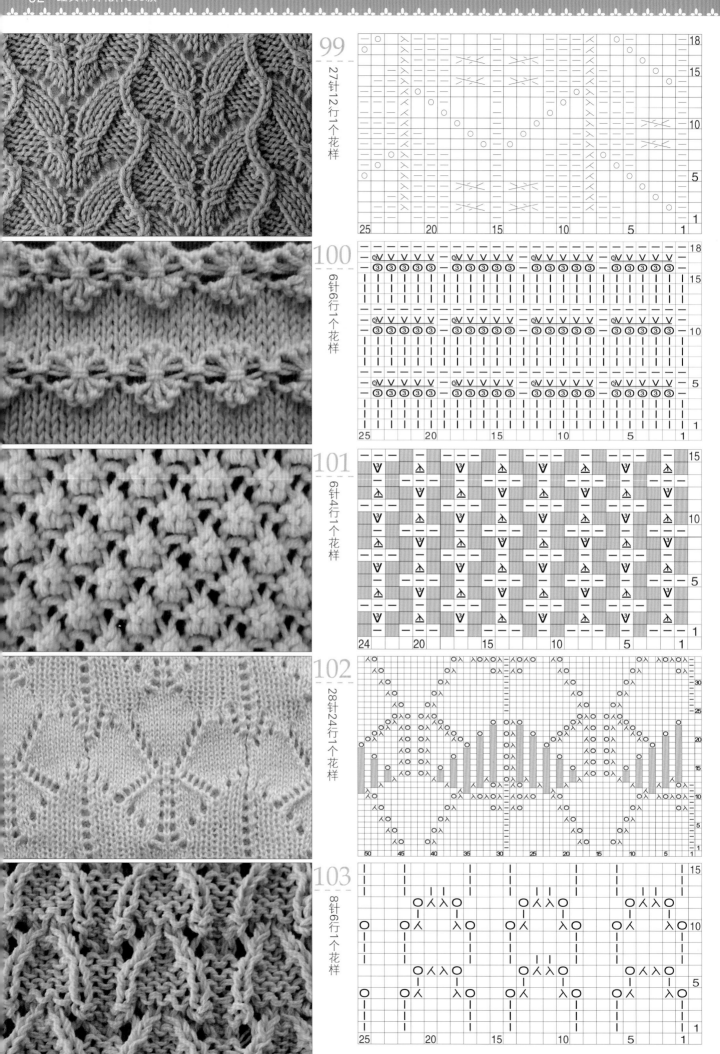

99 27针12行1个花样

100 6针6行1个花样

101 6针4行1个花样

102 28针24行1个花样

103 8针6行1个花样

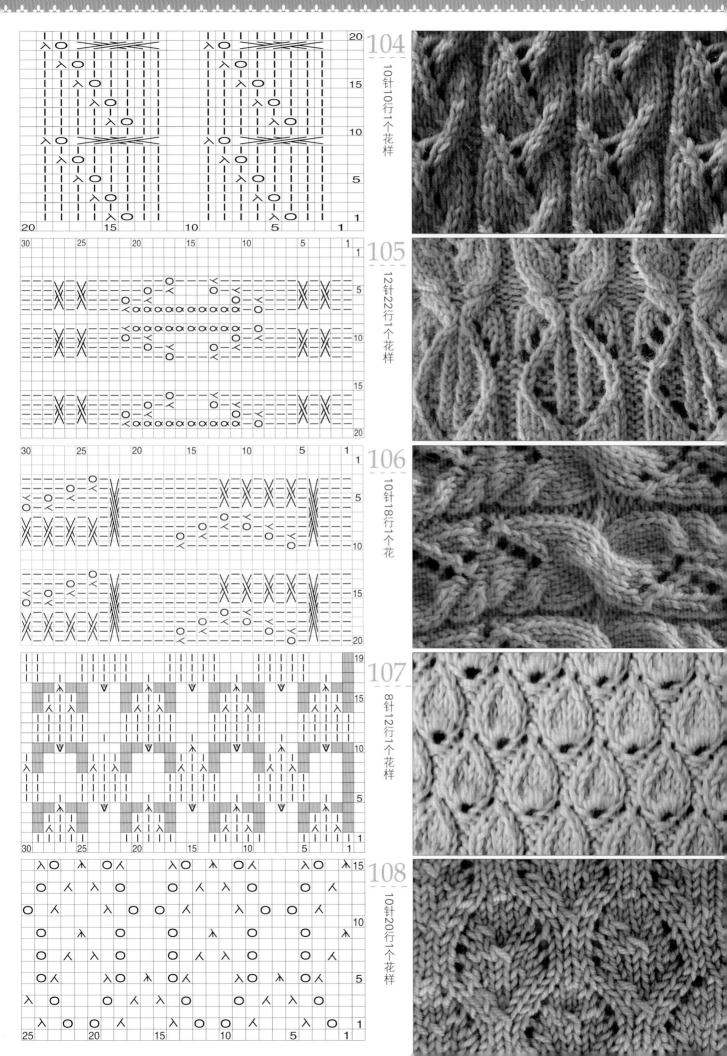

104 10针10行1个花样

105 12针22行1个花样

106 10针18行1个花

107 8针12行1个花样

108 10针20行1个花样

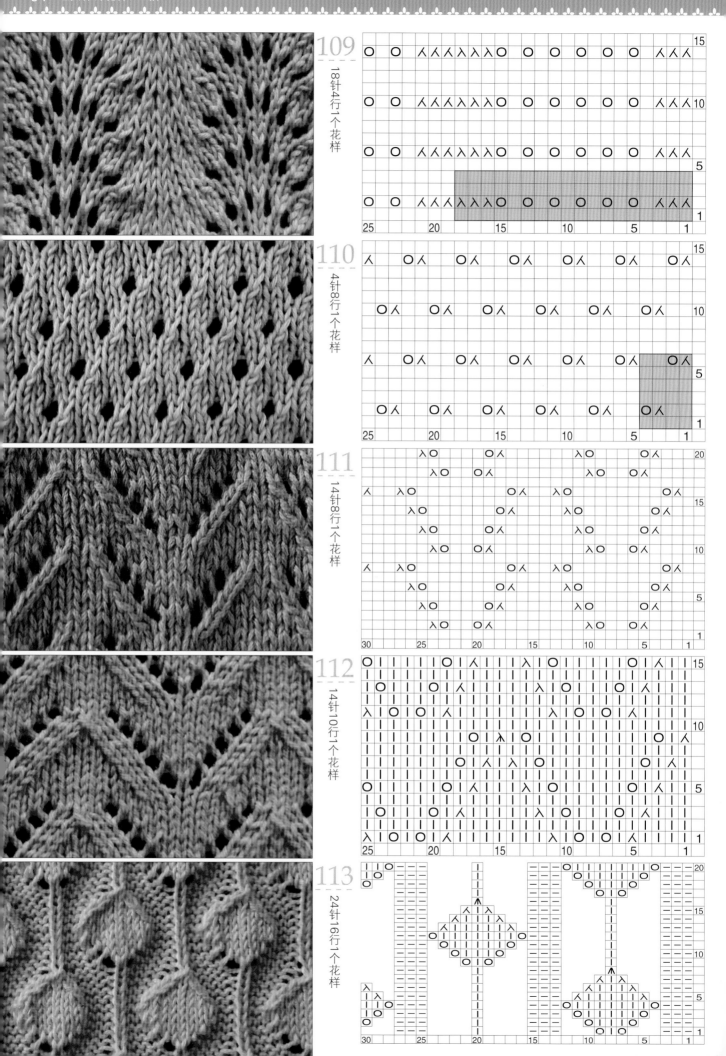

109　18针4行1个花样

110　4针8行1个花样

111　14针8行1个花样

112　14针10行1个花样

113　24针16行1个花样

114　10针24行1个花样

115　28针25行1个花样

116　15针24行1个花样

117　11针25行1个花样

118　20针24行1个花样

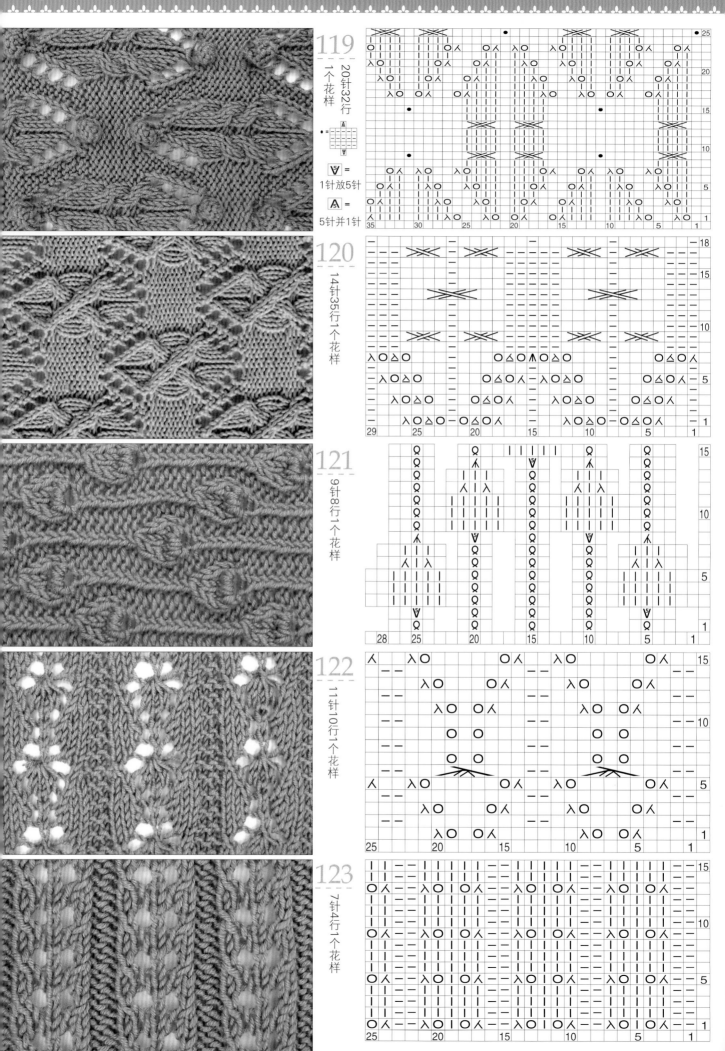

119
20针32行
1个花样

• =

V =
1针放5针

A =
5针并1针

120
14针35行1个花样

121
9针8行1个花样

122
11针10行1个花样

123
7针4行1个花样

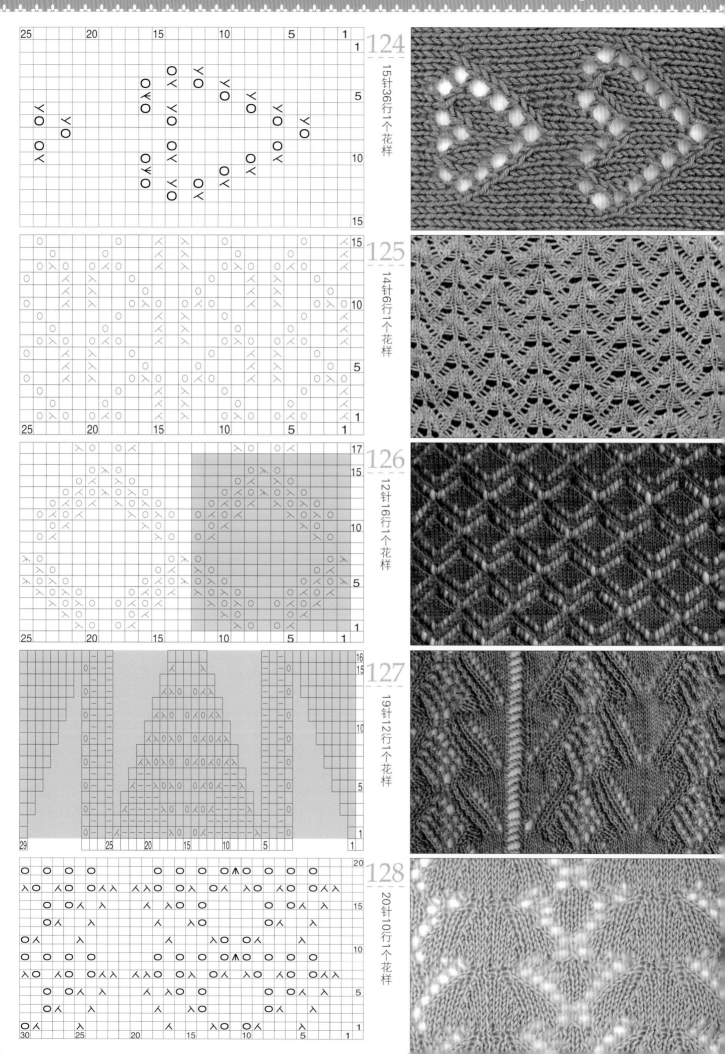

124 15针36行1个花样

125 14针6行1个花样

126 12针16行1个花样

127 19针12行1个花样

128 20针10行1个花样

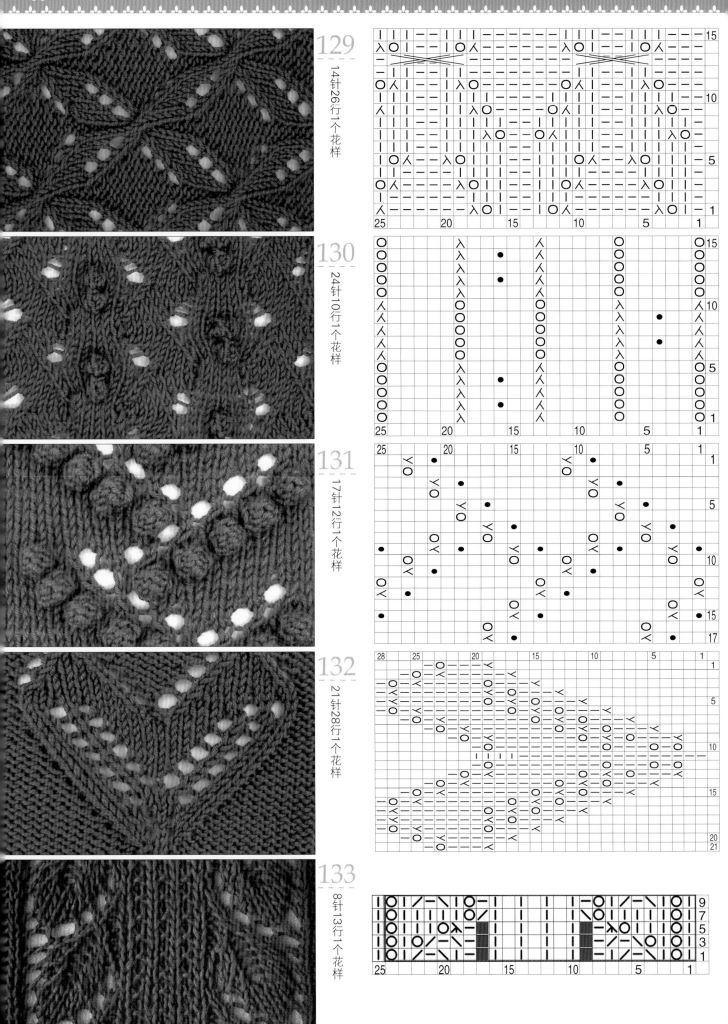

129　14针26行1个花样

130　24针10行1个花样

131　17针12行1个花样

132　21针28行1个花样

133　8针13行1个花样

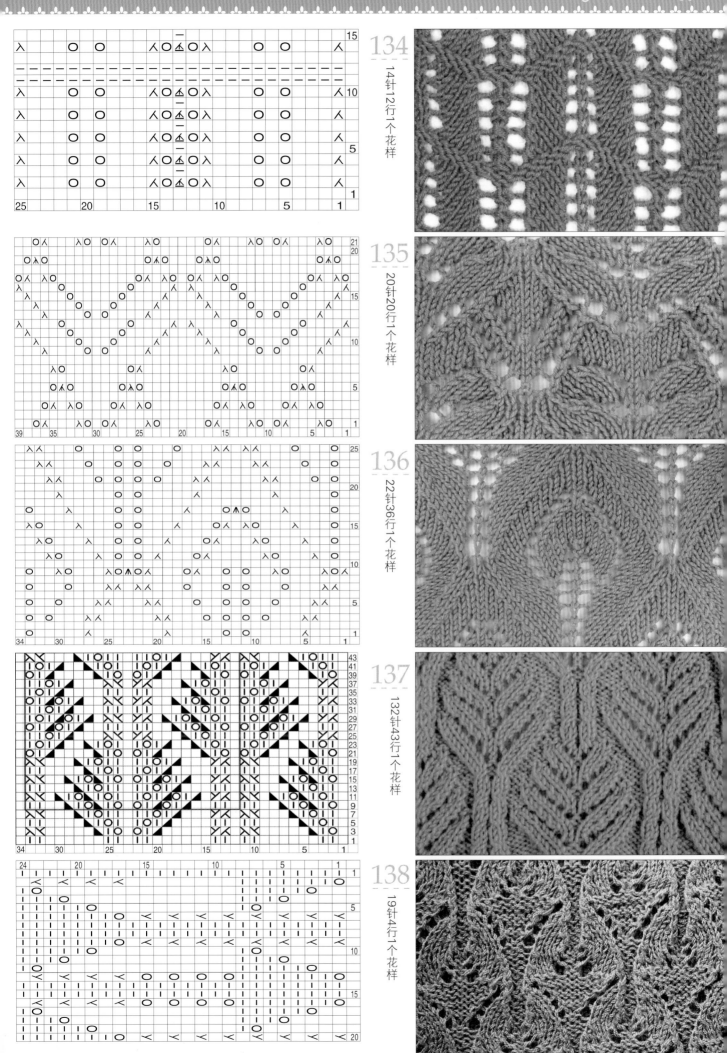

134　14针12行1个花样

135　20针20行1个花样

136　22针36行1个花样

137　132针43行1个花样

138　19针4行1个花样

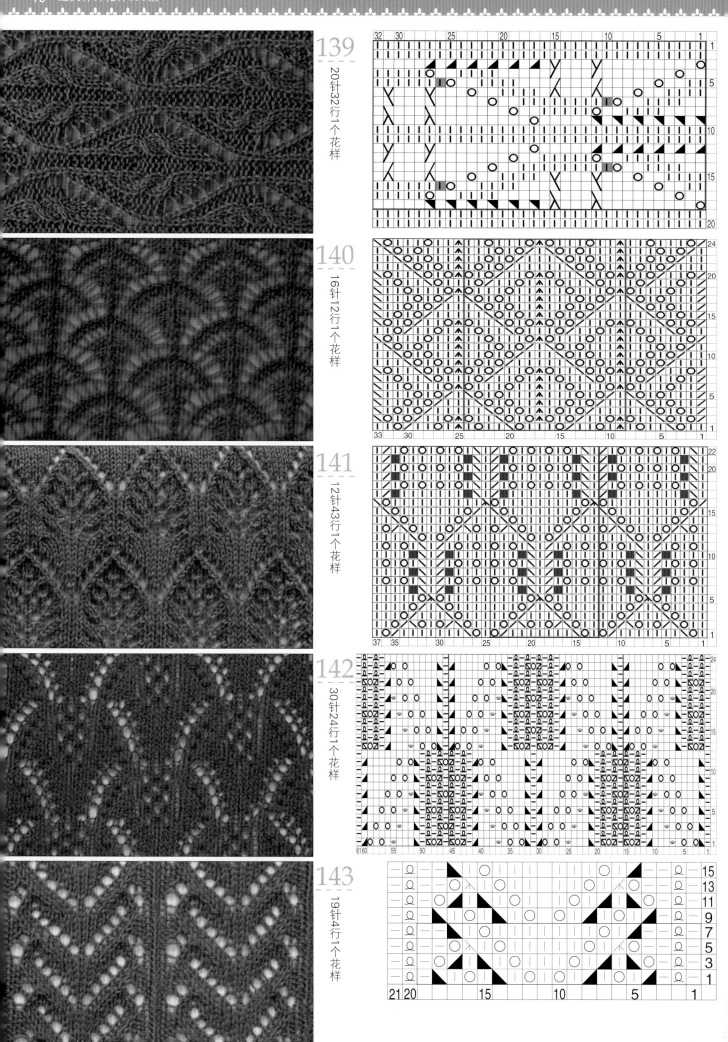

139 20针32行1个花样

140 16针12行1个花样

141 12针43行1个花样

142 30针24行1个花样

143 19针4行1个花样

144 21针18行1个花样

145 28针23行1个花样

146 2针8行1个花样

147 19针12行1个花样

148 8针13行1个花样

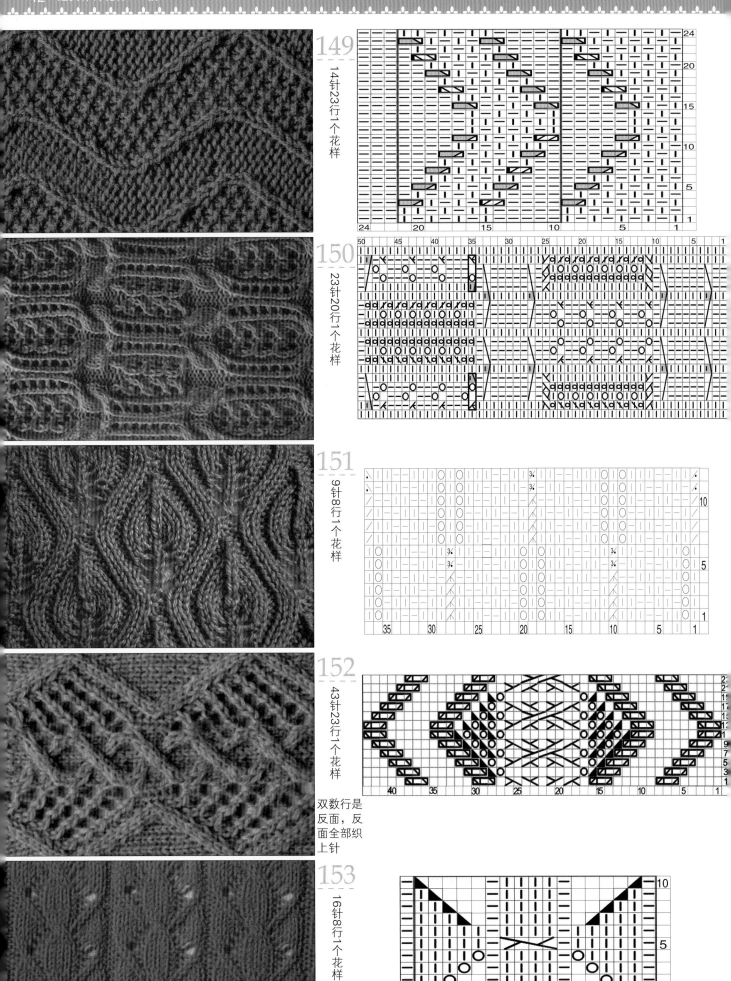

149　14针23行1个花样

150　23针20行1个花样

151　9针8行1个花样

152　43针23行1个花样

双数行是反面，反面全部织上针

153　16针8行1个花样

154 17针4行1个花样

155 17针4行1个花样

156 2针8行1个花样

双数行是反面，反面全部织上针

157 14针23行1个花样

双数行是反面，反面全部织上针

158 23针20行1个花样

159　26针22行1个花样

160　17针51行1个花样

161　9针8行1个花样

中下3针并1针（以下针方向一起滑2针，织1针下针，将2针滑针一起套过下针）

162　16针44行1个花样

双数行是反面，反面全部织上针

163　16针8行1个花样

164 17针48行1个花样

165 17针19行1个花样

166 2针8行1个花样

167 19针12行1个花样

168 30针24行1个花样

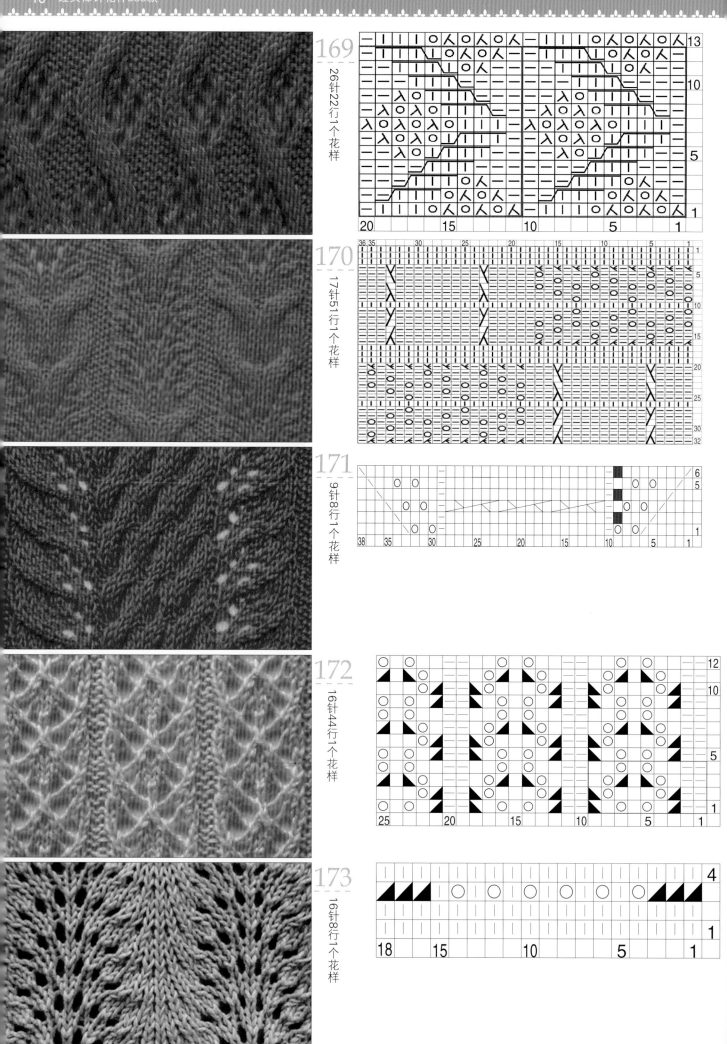

169　26针22行1个花样

170　17针51行1个花样

171　9针8行1个花样

172　16针44行1个花样

173　16针8行1个花样

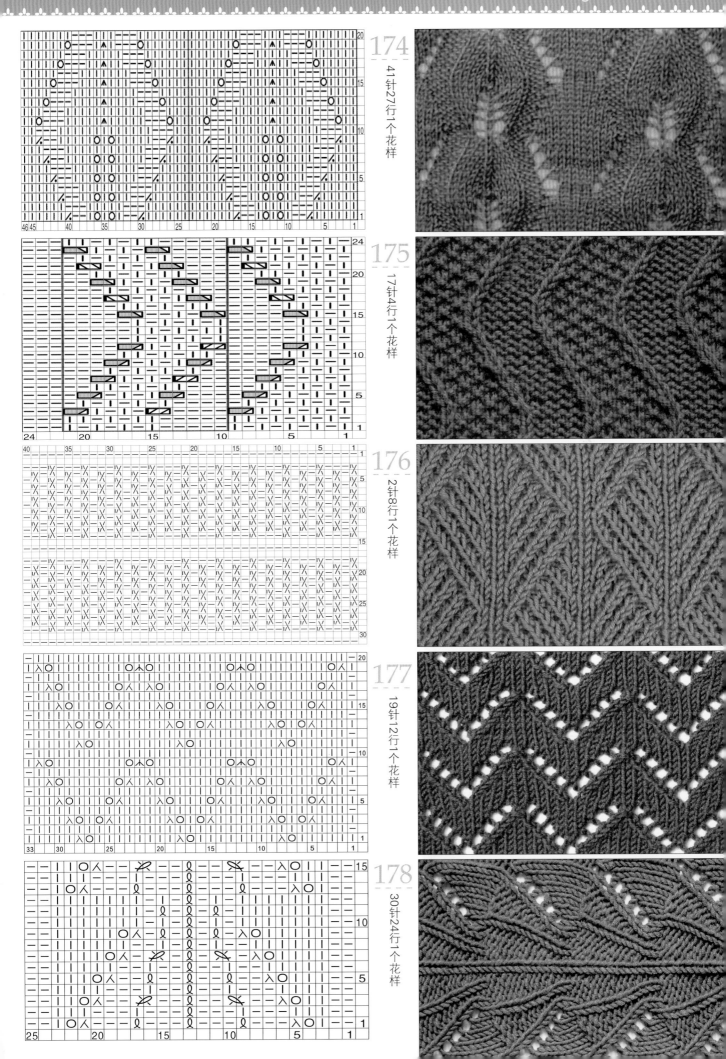

174　41针27行1个花样

175　17针4行1个花样

176　2针8行1个花样

177　19针12行1个花样

178　30针24行1个花样

179　8针13行1个花样

180　10针10行1个花样

181　18针12行1个花样

182　18针16行1个花样

183　15针14行1个花样

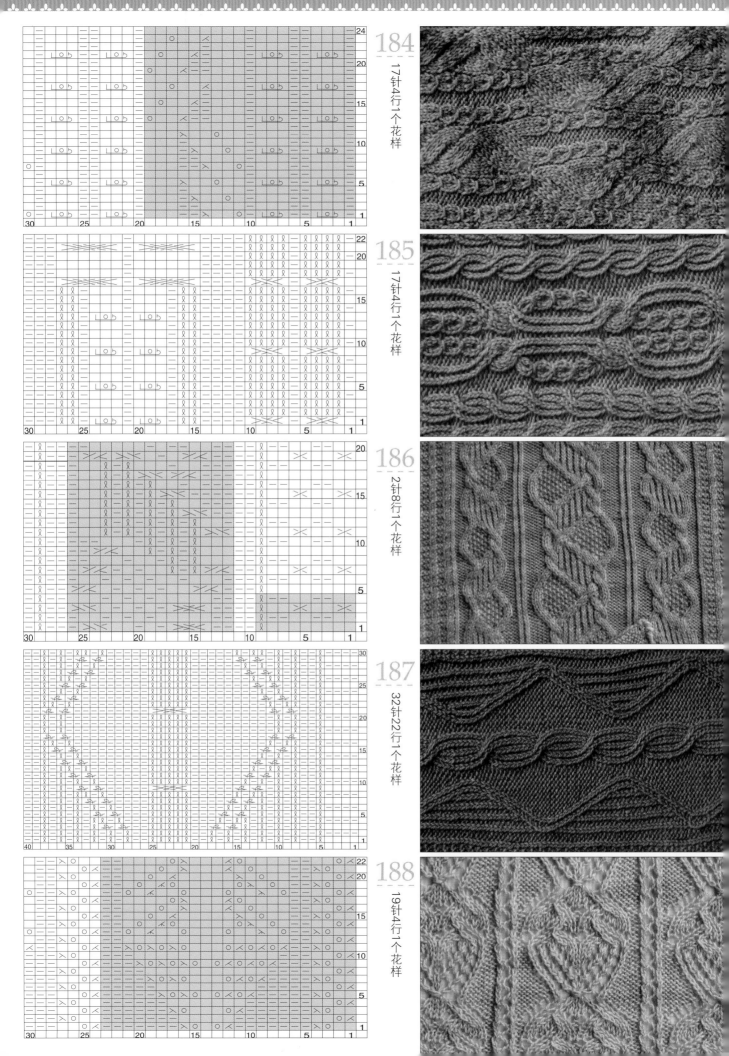

184 17针4行1个花样

185 17针4行1个花样

186 2针8行1个花样

187 32针22行1个花样

188 19针4行1个花样

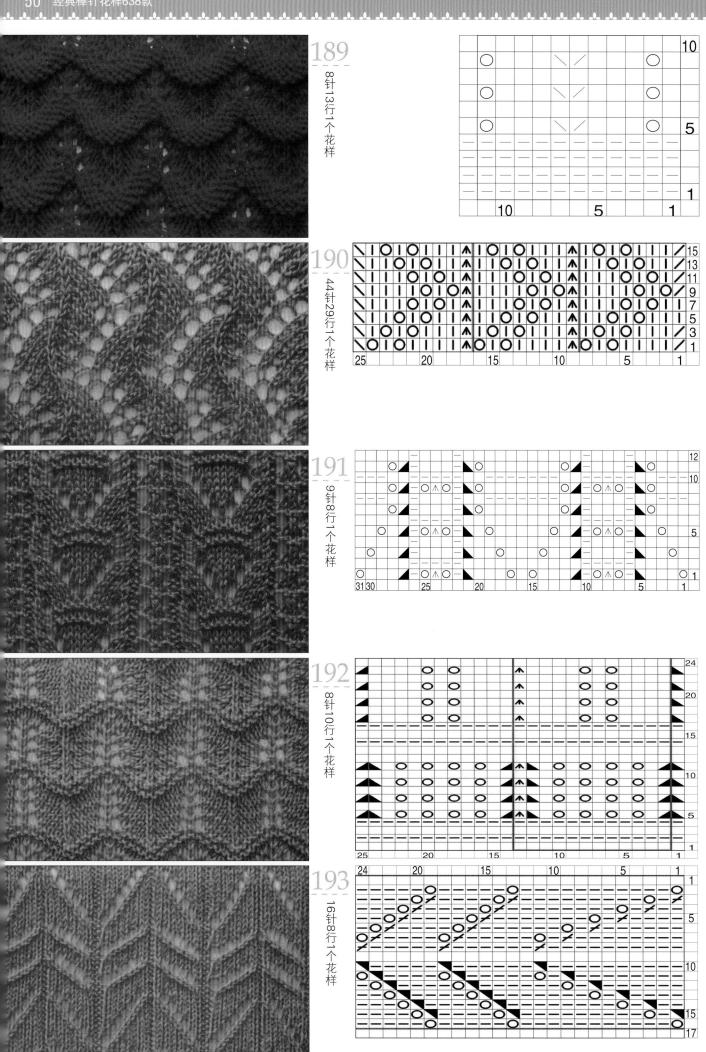

194　17针4行1个花样

195　17针4行1个花样

196　2针8行1个花样

197　18针12行1个花样

198　19针4行1个花样

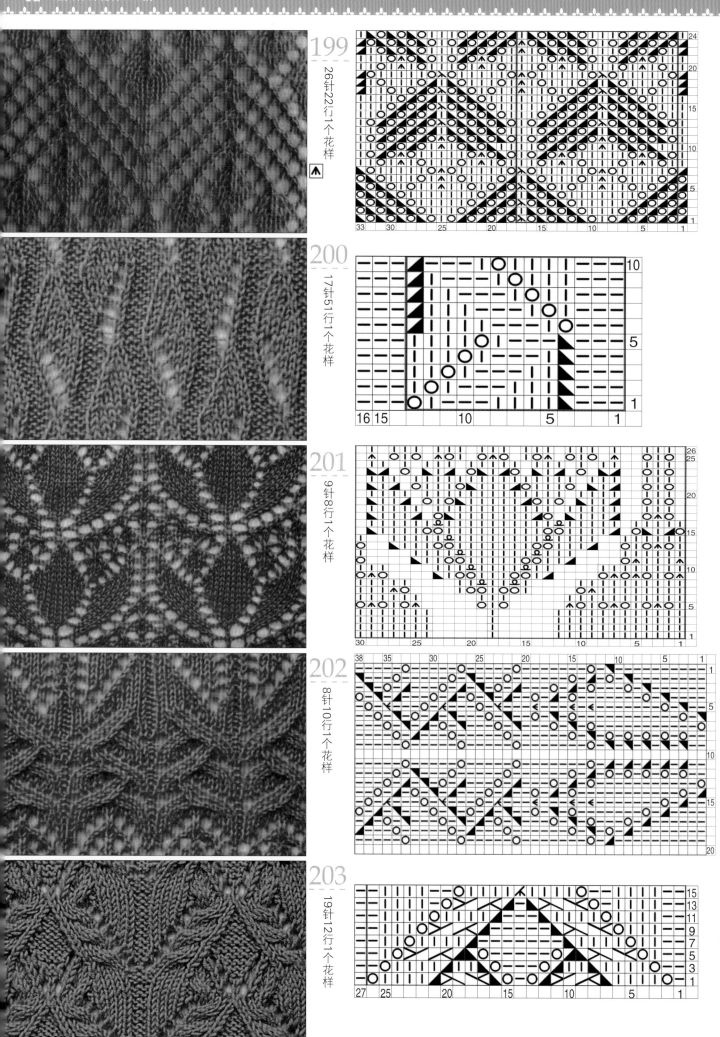

199
26针22行1个花样

200
17针51行1个花样

201
9针8行1个花样

202
8针10行1个花样

203
19针12行1个花样

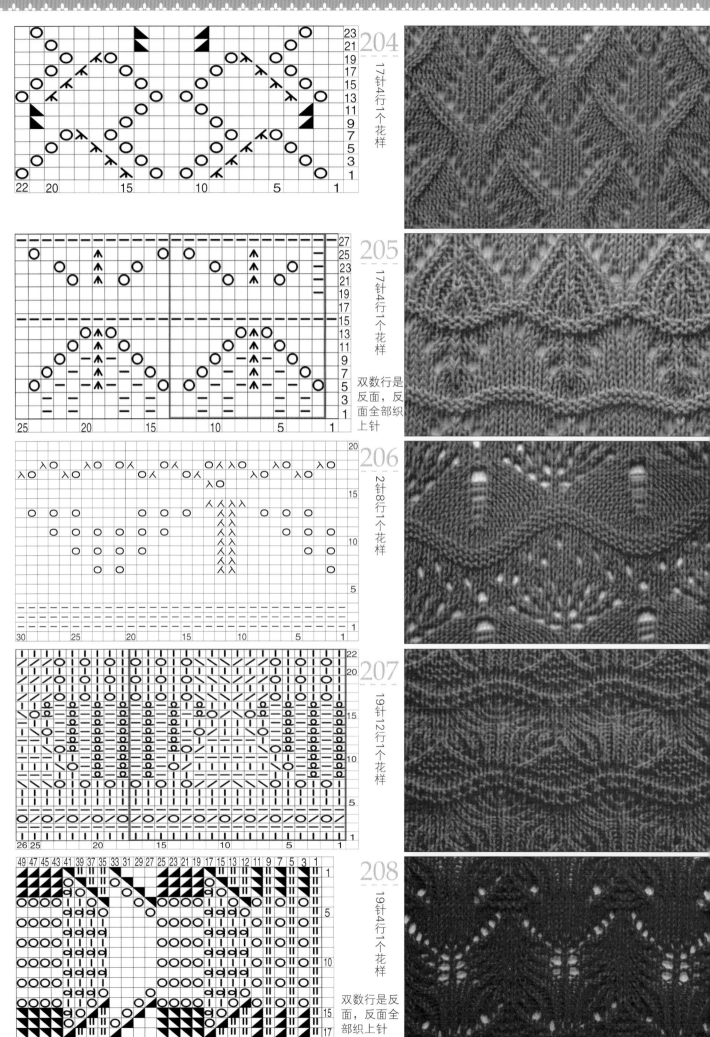

204　17针4行1个花样

205　17针4行1个花样　双数行是反面，反面全部织上针

206　2针8行1个花样

207　19针12行1个花样

208　19针4行1个花样　双数行是反面，反面全部织上针

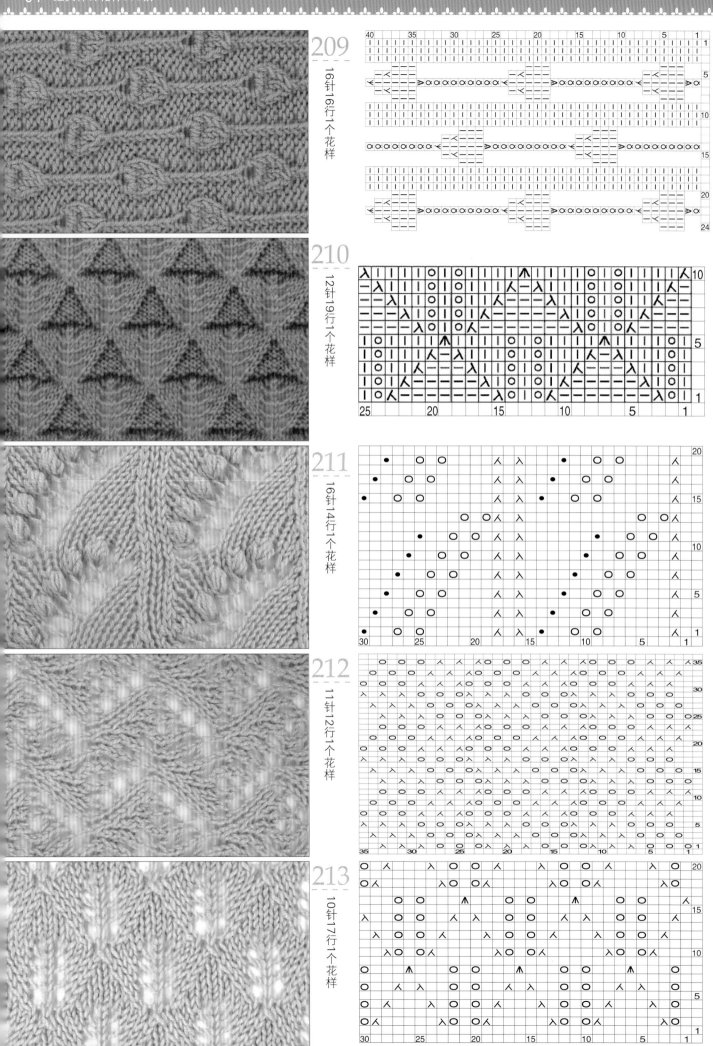

209　16针16行1个花样

210　12针19行1个花样

211　16针14行1个花样

212　11针12行1个花样

213　10针17行1个花样

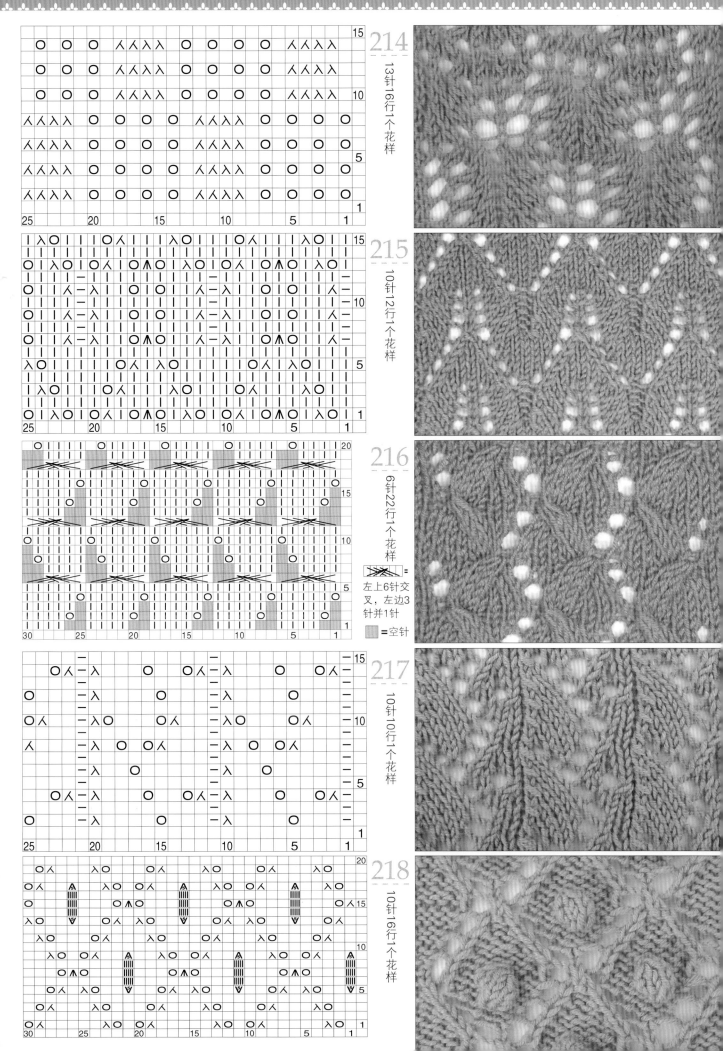

214　13针16行1个花样

215　10针12行1个花样

216　6针22行1个花样

×××＞＞＞＞＝
左上6针交
叉，左边3
针并1针

▨＝空针

217　10针10行1个花样

218　10针16行1个花样

219　12针31行1个花样

220　10针6行1个花样

221　9针8行1个花样

222　13针35行1个花样

223　18针36行1个花样

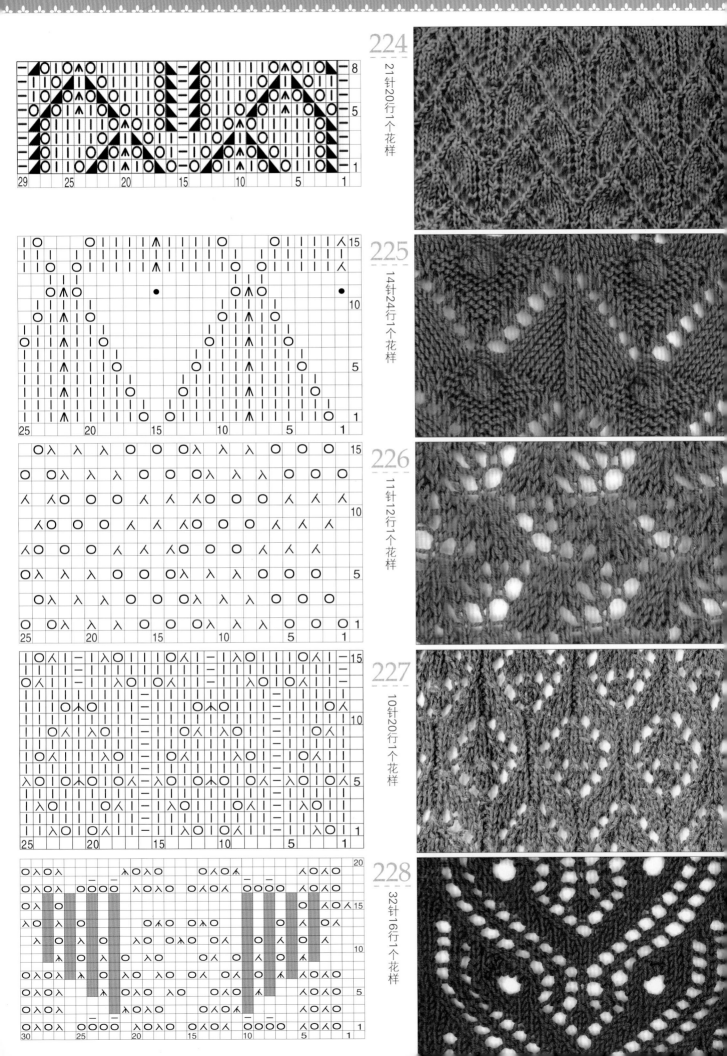

224　21针20行1个花样

225　14针24行1个花样

226　11针12行1个花样

227　10针20行1个花样

228　32针16行1个花样

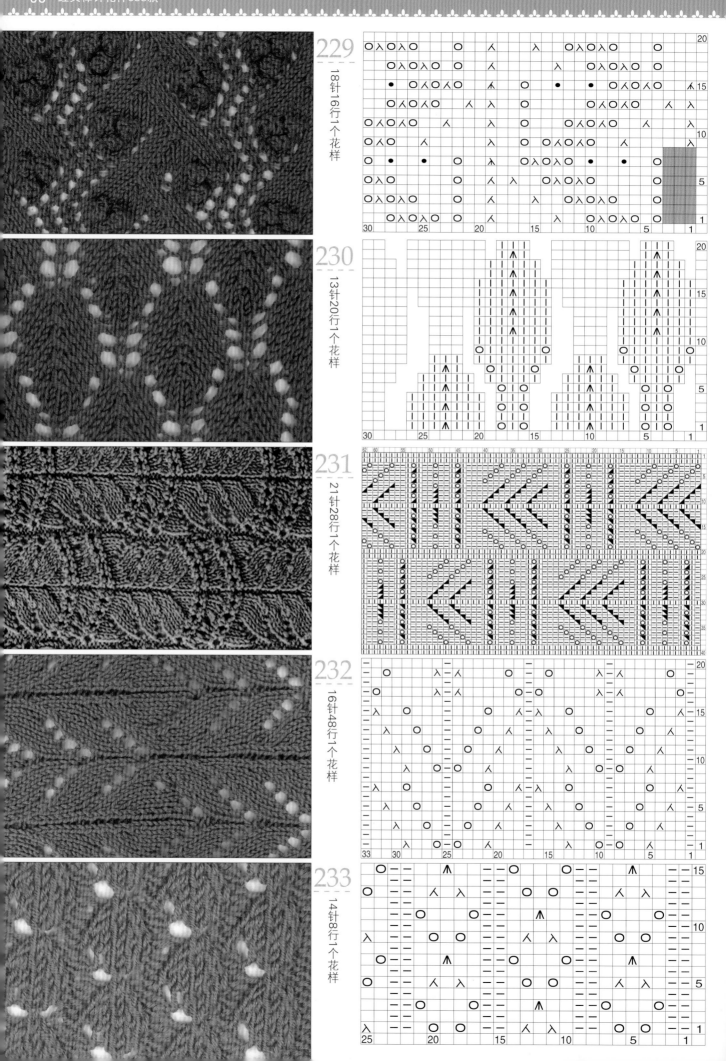

229 18针16行1个花样

230 13针20行1个花样

231 21针28行1个花样

232 16针48行1个花样

233 14针8行1个花样

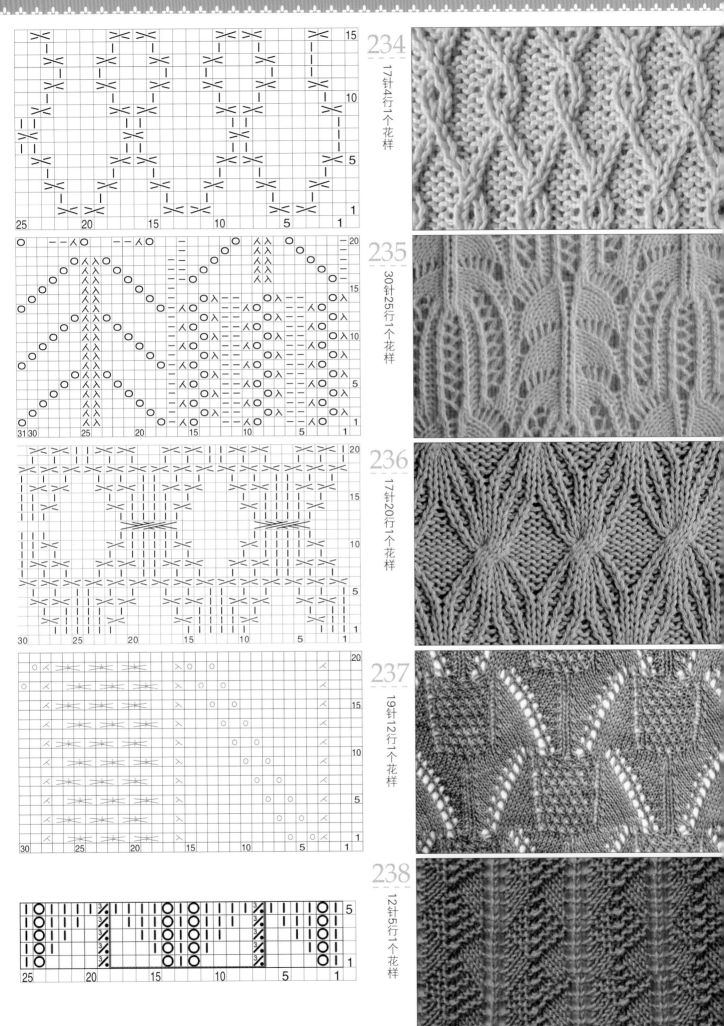

234　17针4行1个花样

235　30针25行1个花样

236　17针20行1个花样

237　19针12行1个花样

238　12针5行1个花样

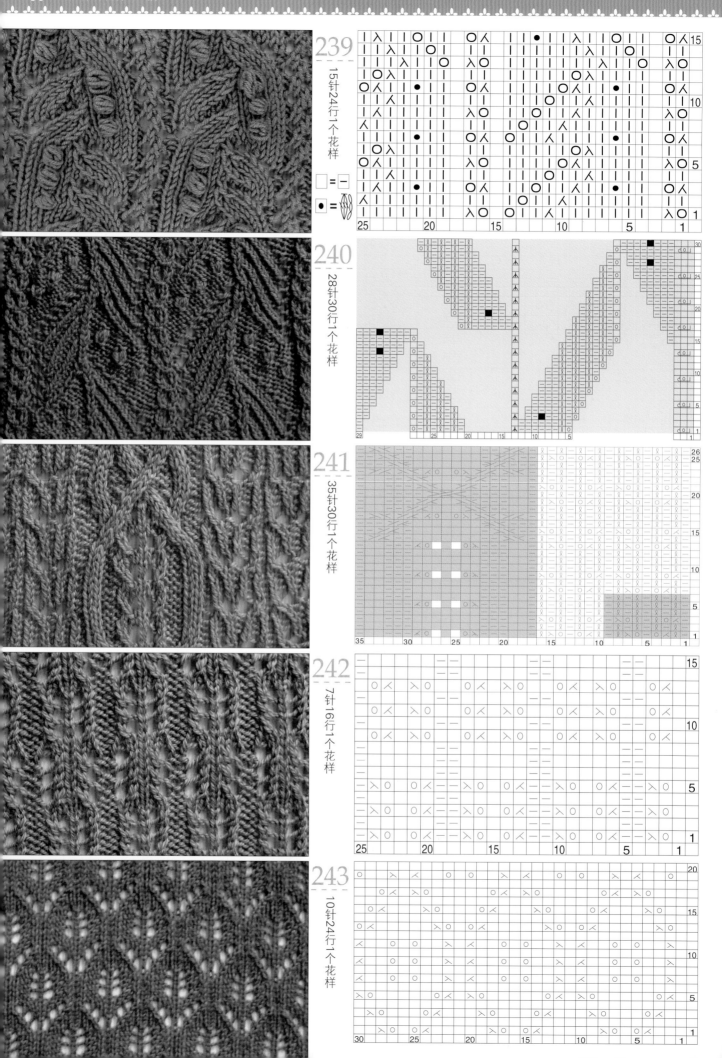

239　15针24行1个花样

□ = □

● = 🧶

240　28针30行1个花样

241　35针30行1个花样

242　7针16行1个花样

243　10针24行1个花样

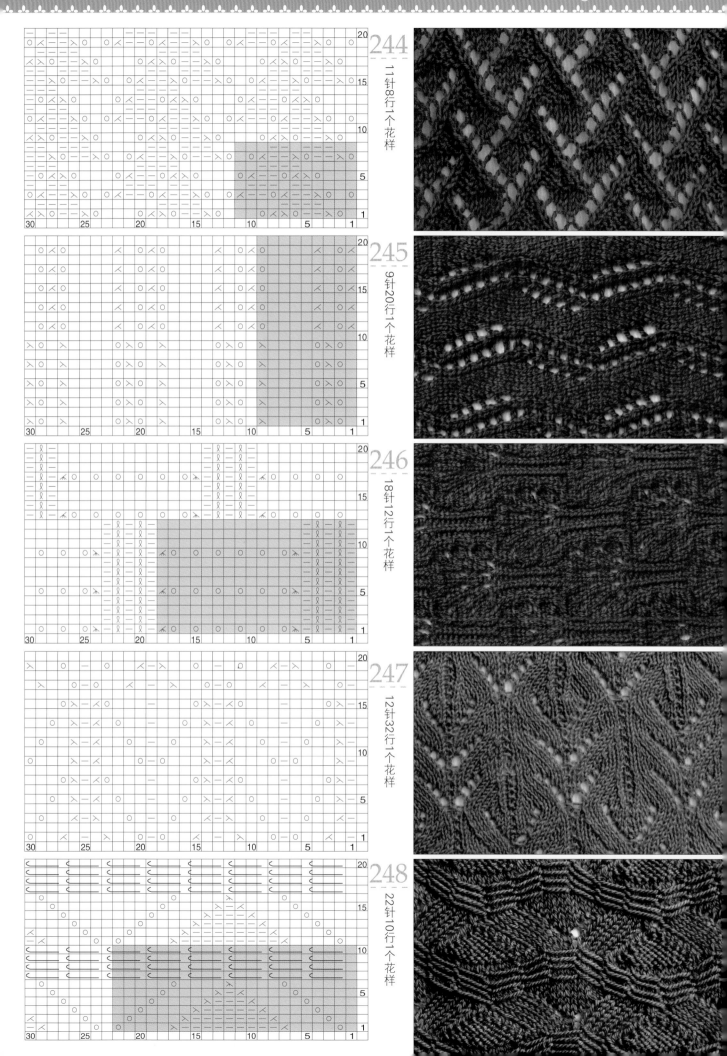

244 11针8行1个花样

245 9针20行1个花样

246 18针12行1个花样

247 12针32行1个花样

248 22针10行1个花样

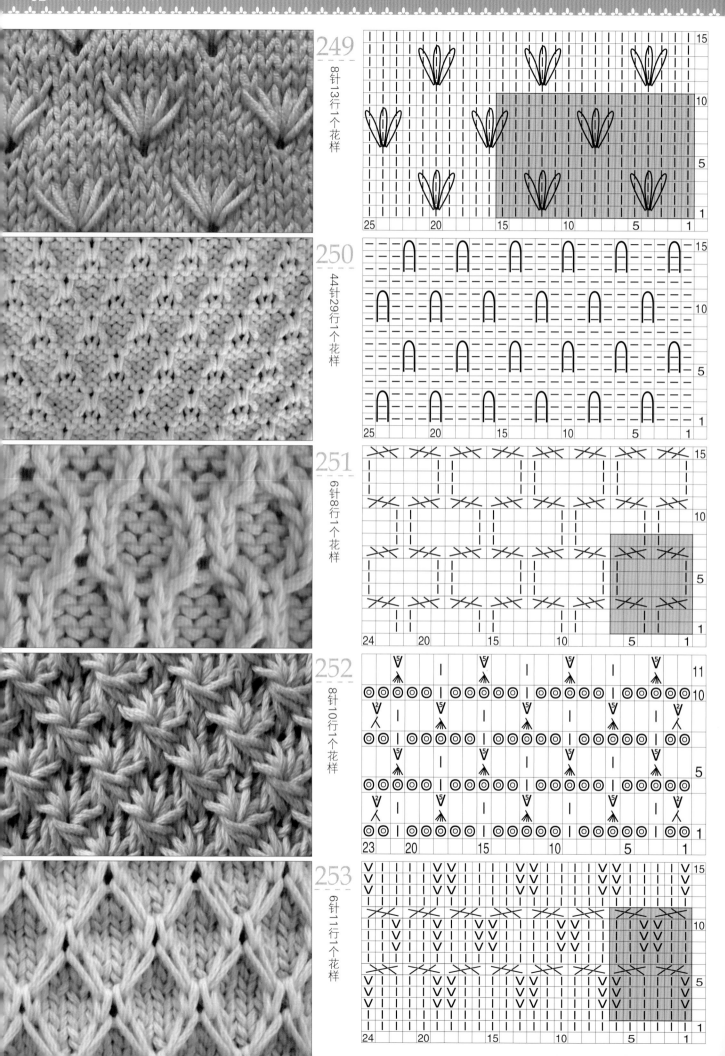

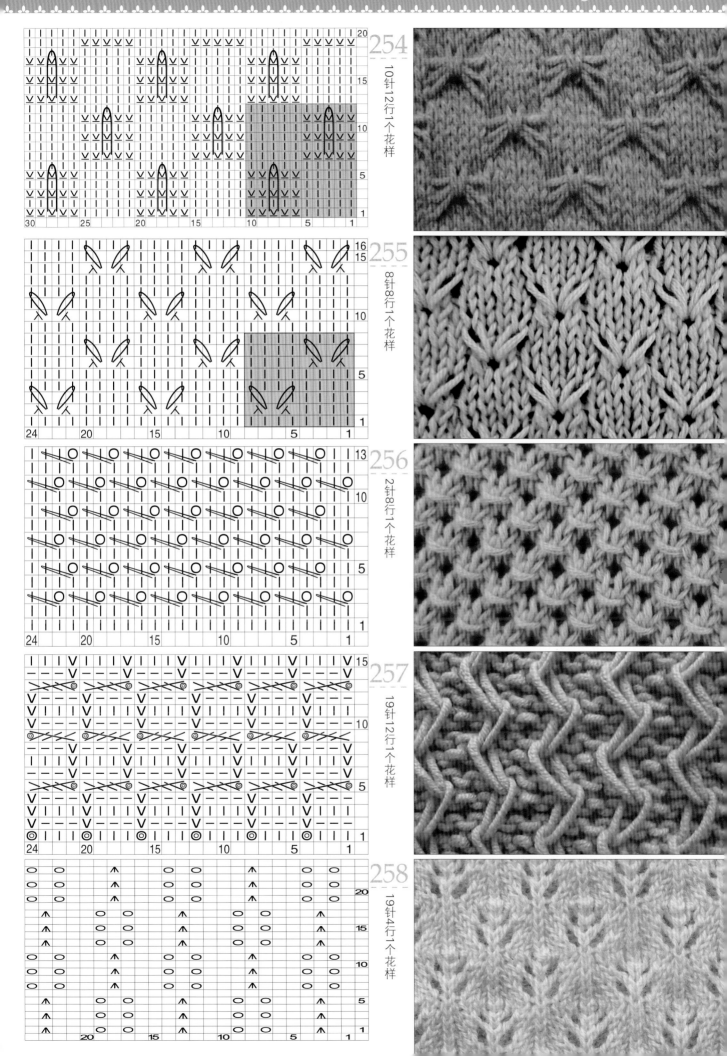

254　10针12行1个花样

255　8针8行1个花样

256　2针8行1个花样

257　19针12行1个花样

258　19针4行1个花样

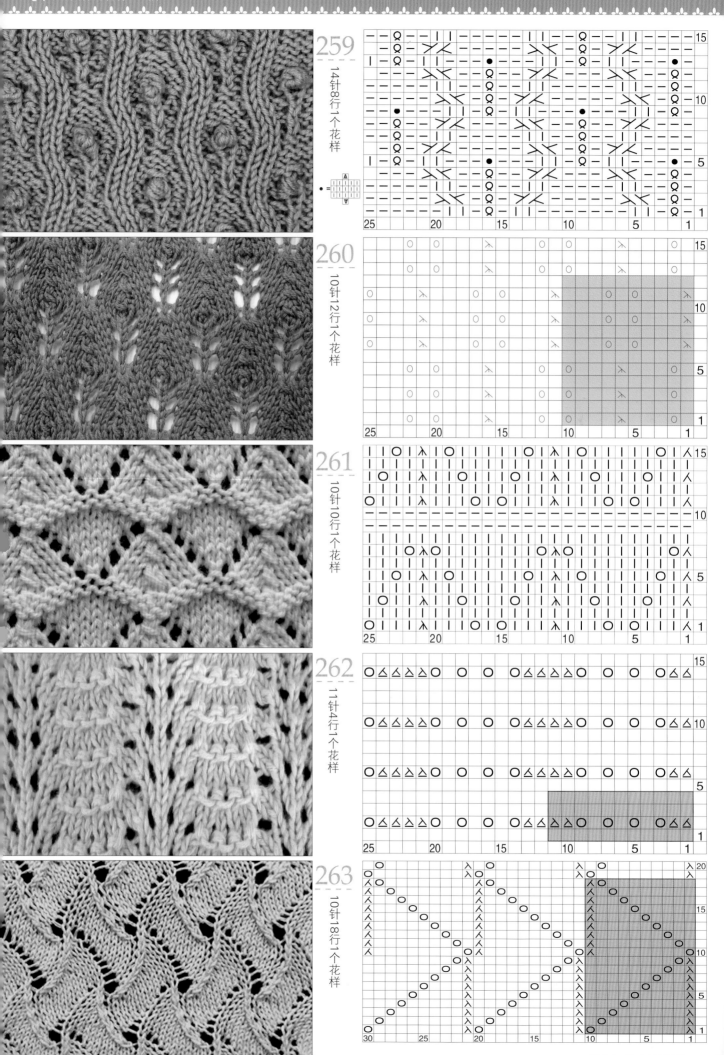

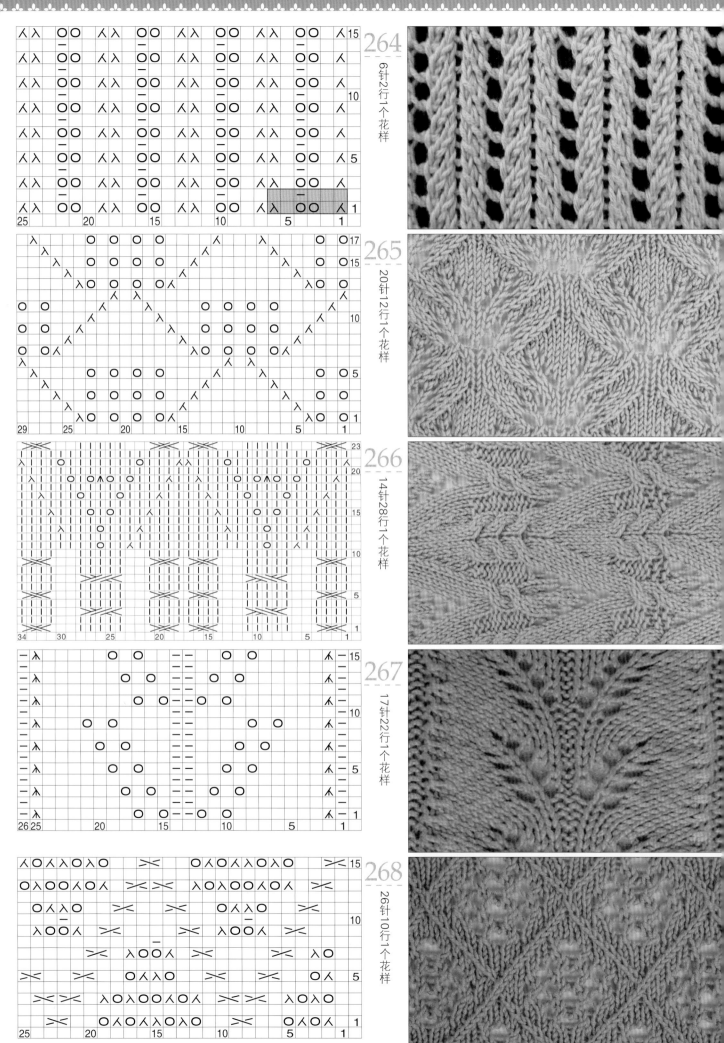

264　6针2行1个花样

265　20针12行1个花样

266　14针28行1个花样

267　17针22行1个花样

268　26针10行1个花样

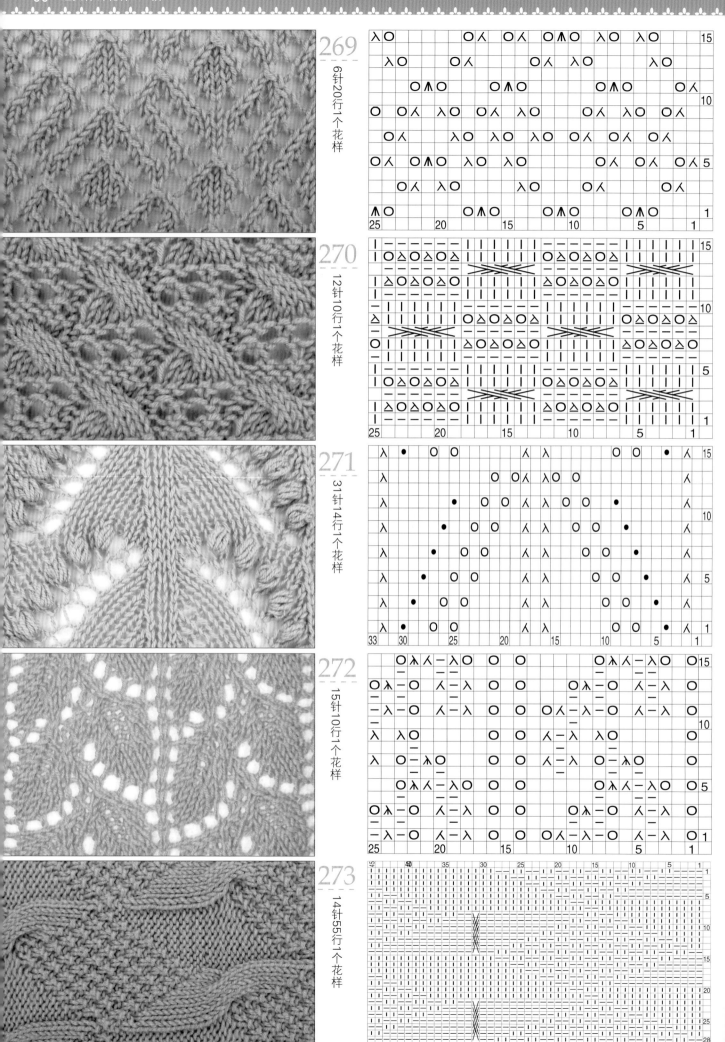

269　6针20行1个花样

270　12针10行1个花样

271　31针14行1个花样

272　15针10行1个花样

273　14针55行1个花样

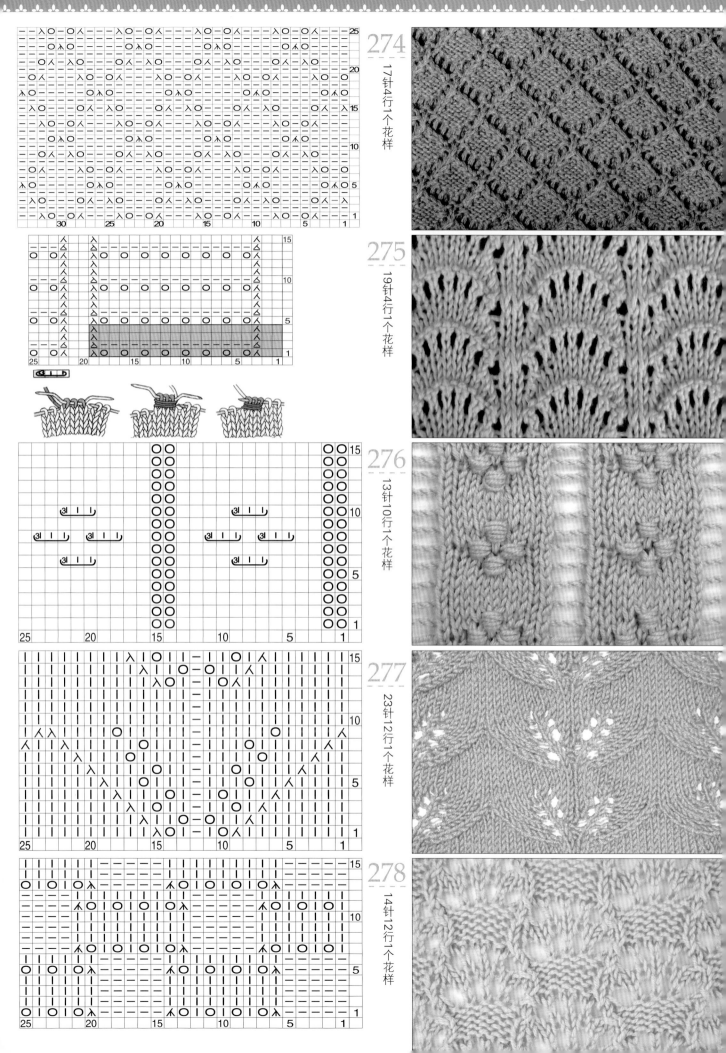

274　17针4行1个花样

275　19针4行1个花样

276　13针10行1个花样

277　23针12行1个花样

278　14针12行1个花样

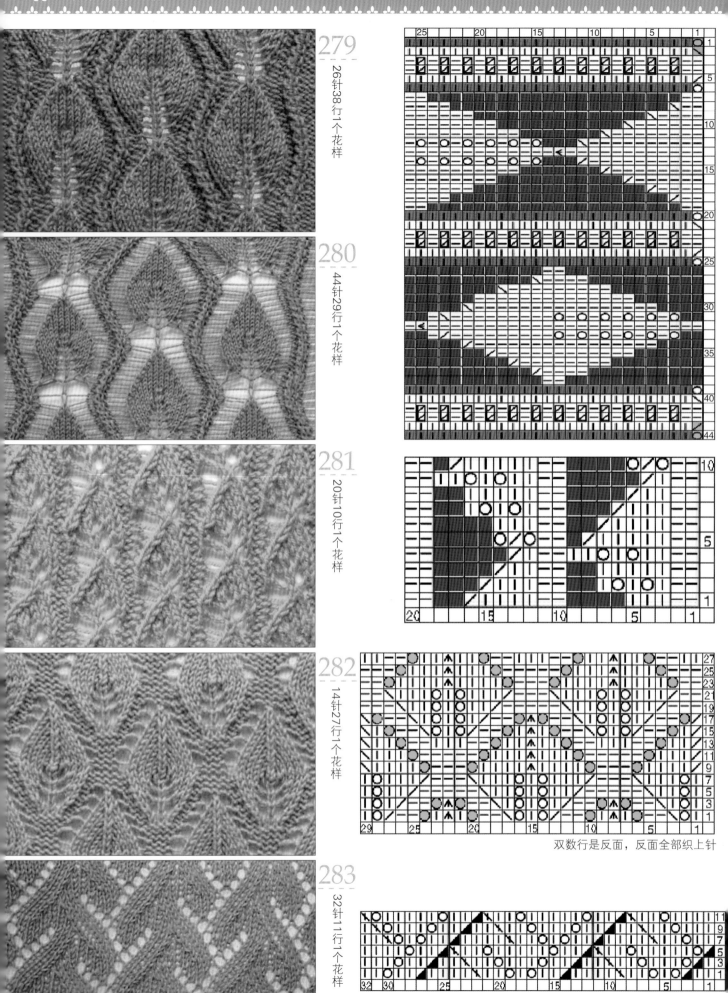

279

26针38行1个花样

280

44针29行1个花样

281

20针10行1个花样

282

14针27行1个花样

双数行是反面，反面全部织上针

283

32针11行1个花样

双数行是反面，反面全部织上针

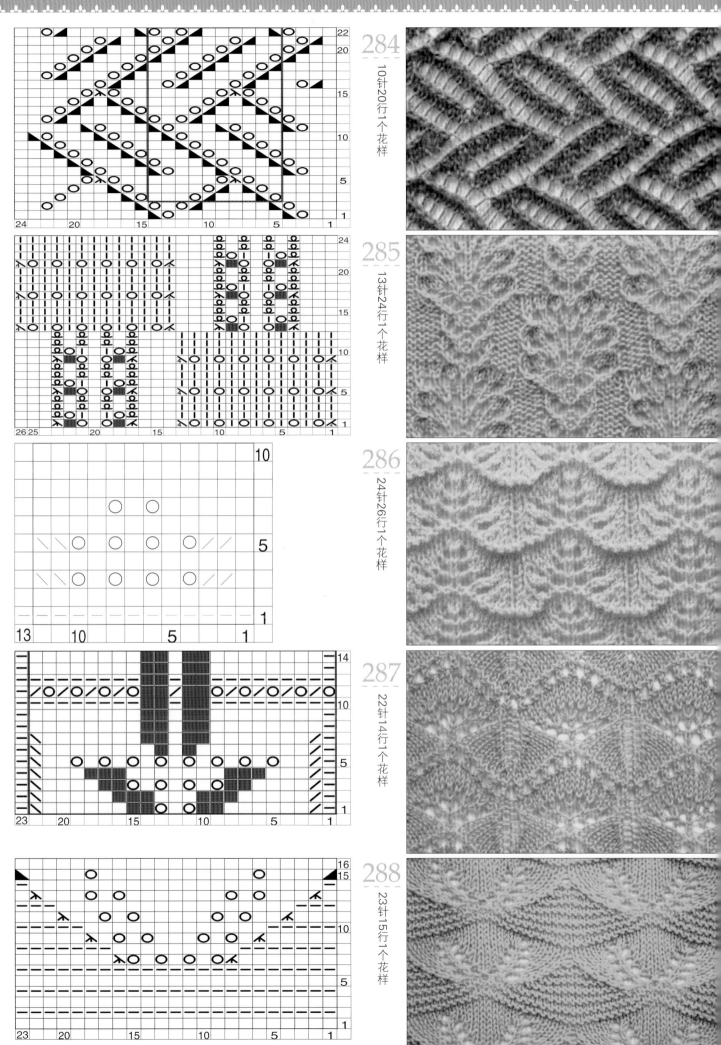

284　10针20行1个花样

285　13针24行1个花样

286　24针26行1个花样

287　22针14行1个花样

288　23针15行1个花样

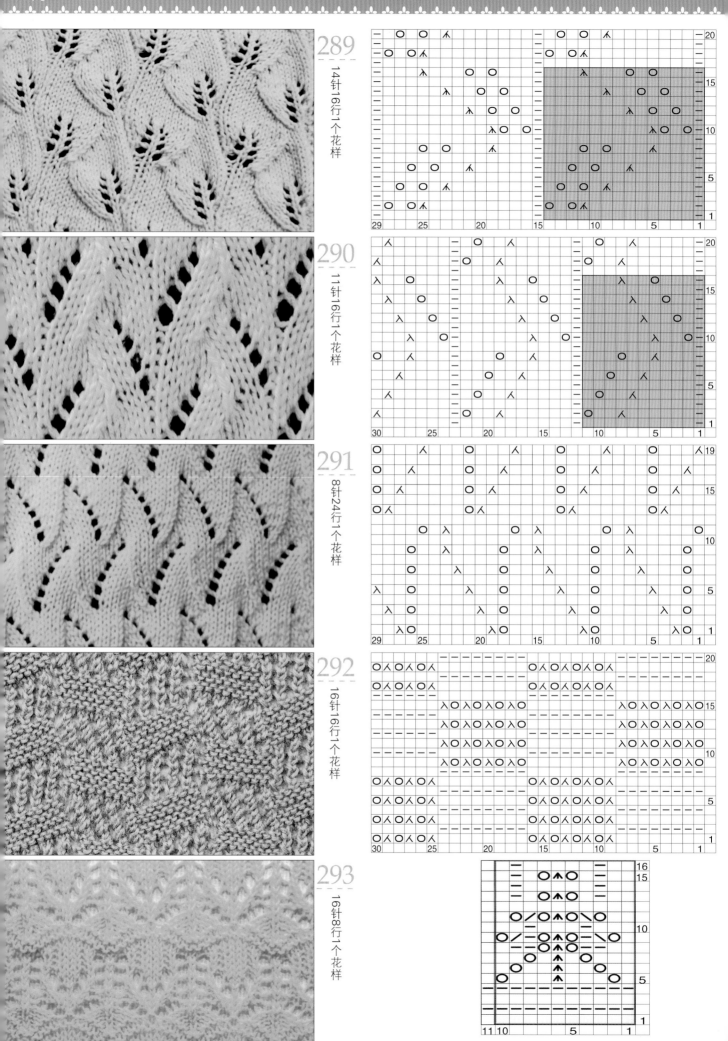

289 14针16行1个花样

290 11针16行1个花样

291 8针24行1个花样

292 16针16行1个花样

293 16针8行1个花样

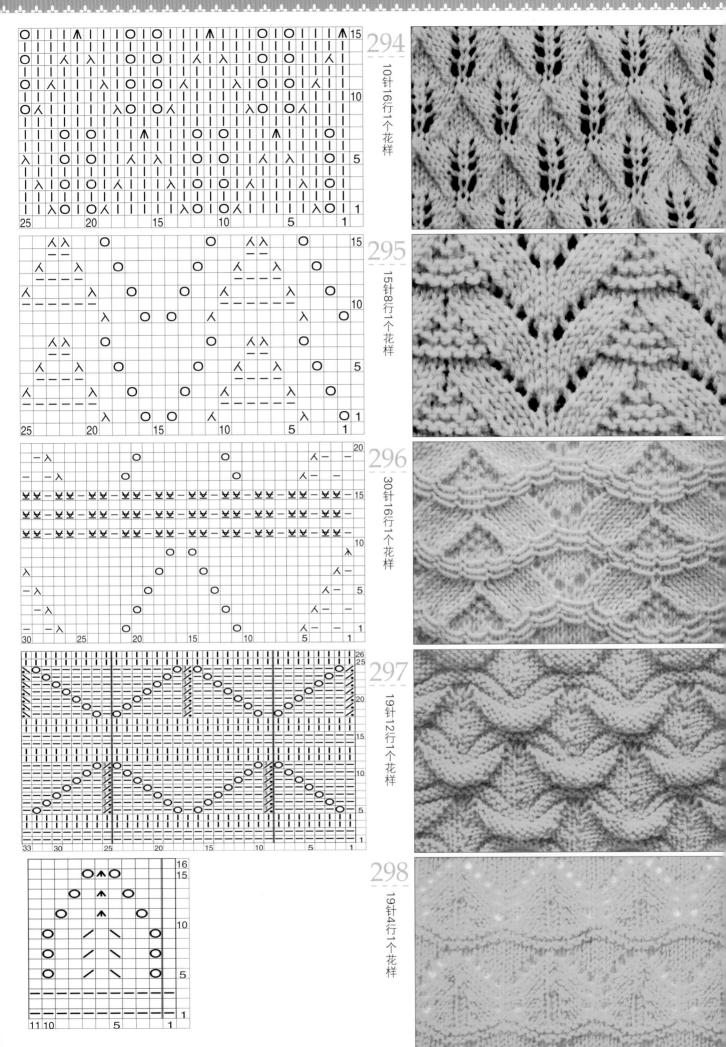

294　10针16行1个花样

295　15针8行1个花样

296　30针16行1个花样

297　19针12行1个花样

298　19针4行1个花样

299

23针16行1个花样

300

15针4行1个花样

301

9针8行1个花样

302

8针10行1个花样

双数行是
反面，反
面全部织
上针

303

12针16行1个花样

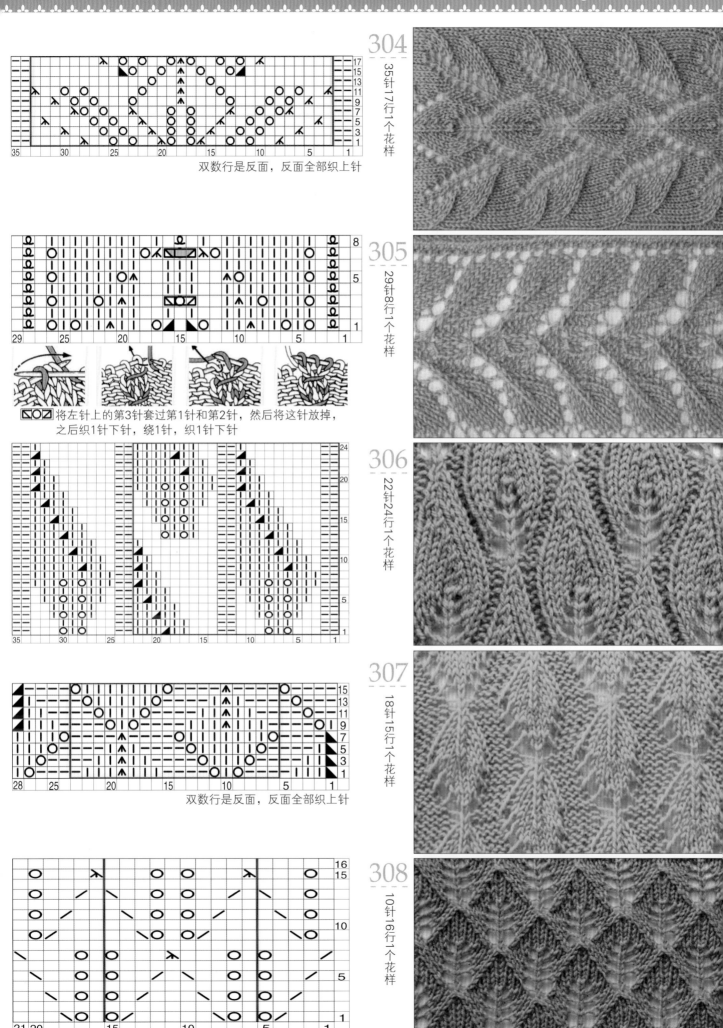

304
35针17行1个花样
双数行是反面，反面全部织上针

305
29针8行1个花样

将左针上的第3针套过第1针和第2针，然后将这针放掉，
之后织1针下针，绕1针，织1针下针

306
22针24行1个花样

307
18针15行1个花样
双数行是反面，反面全部织上针

308
10针16行1个花样

309
31针12行1个花样

双数行是
反面，反
面全部织
上针

310
23针50行1个花样

311
30针19行1个花样

双数行是反面，
反面全部织上针

312
51针24行1个花样

313
17针19行1个花样

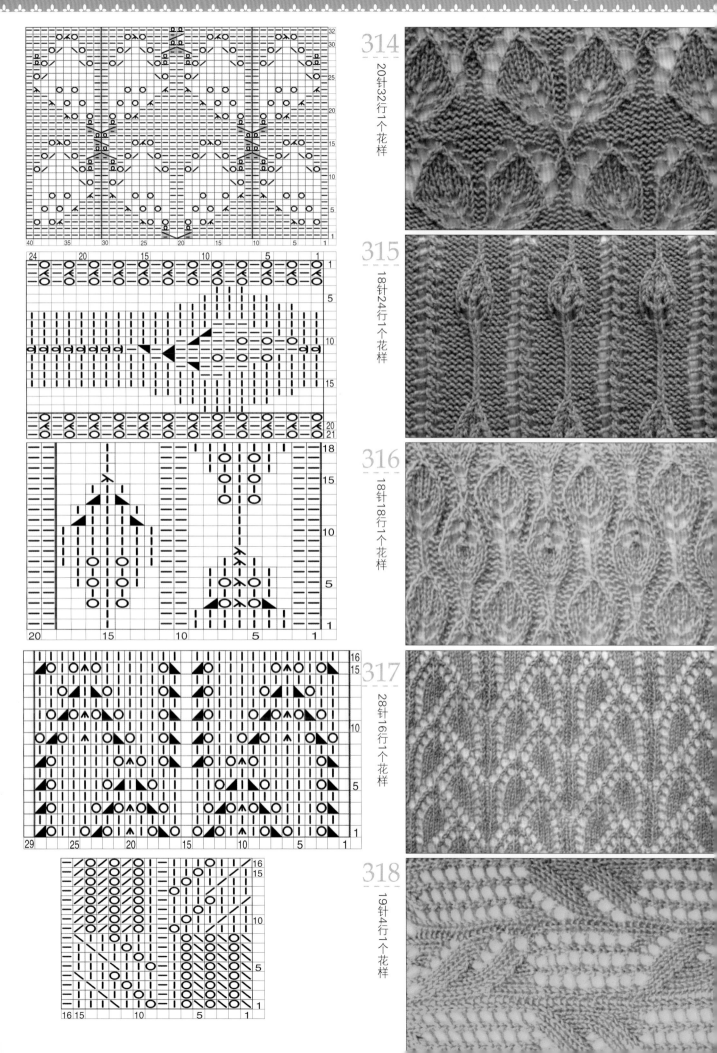

314 20针32行1个花样

315 18针24行1个花样

316 18针18行1个花样

317 28针16行1个花样

318 19针4行1个花样

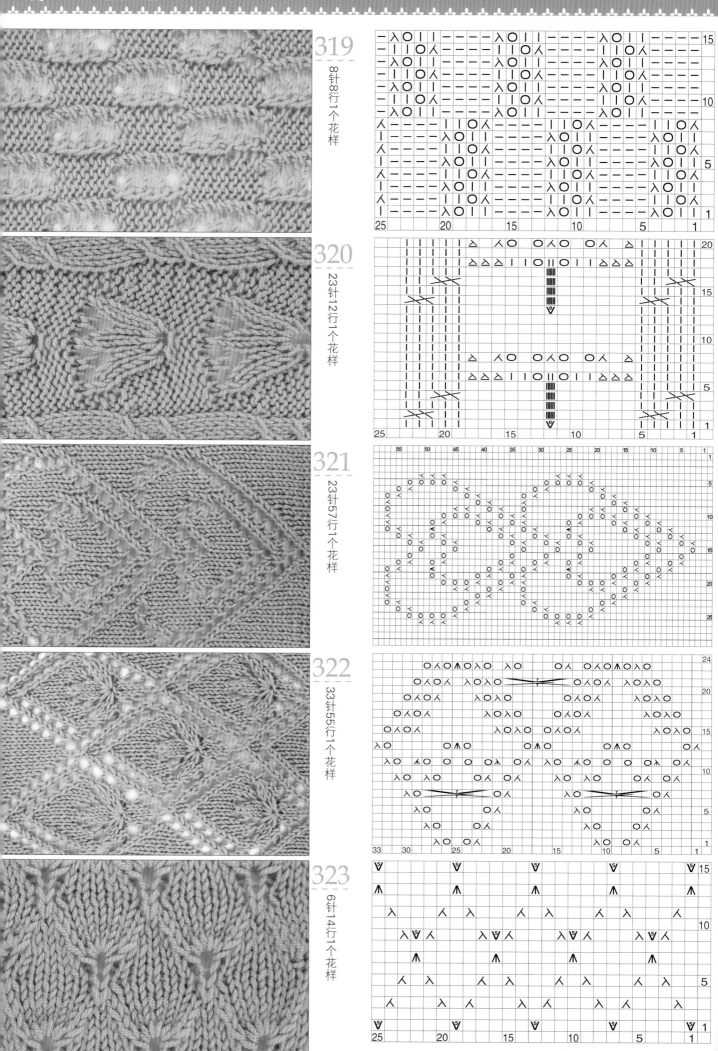

319　8针8行1个花样

320　23针12行1个花样

321　23针57行1个花样

322　33针55行1个花样

323　6针14行1个花样

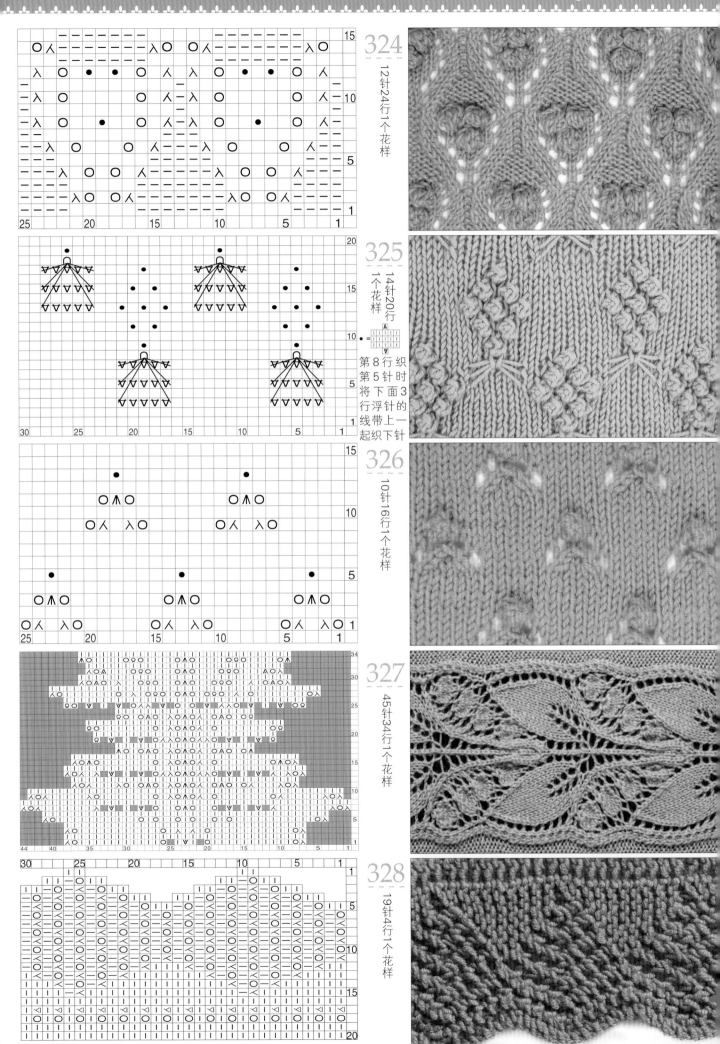

324
12针24行1个花样

325
14针20行
1个花样

•＝

第8行织
第5针时
将下面3
行浮针的
线带上一
起织下针

326
10针16行1个花样

327
45针34行1个花样

328
19针4行1个花样

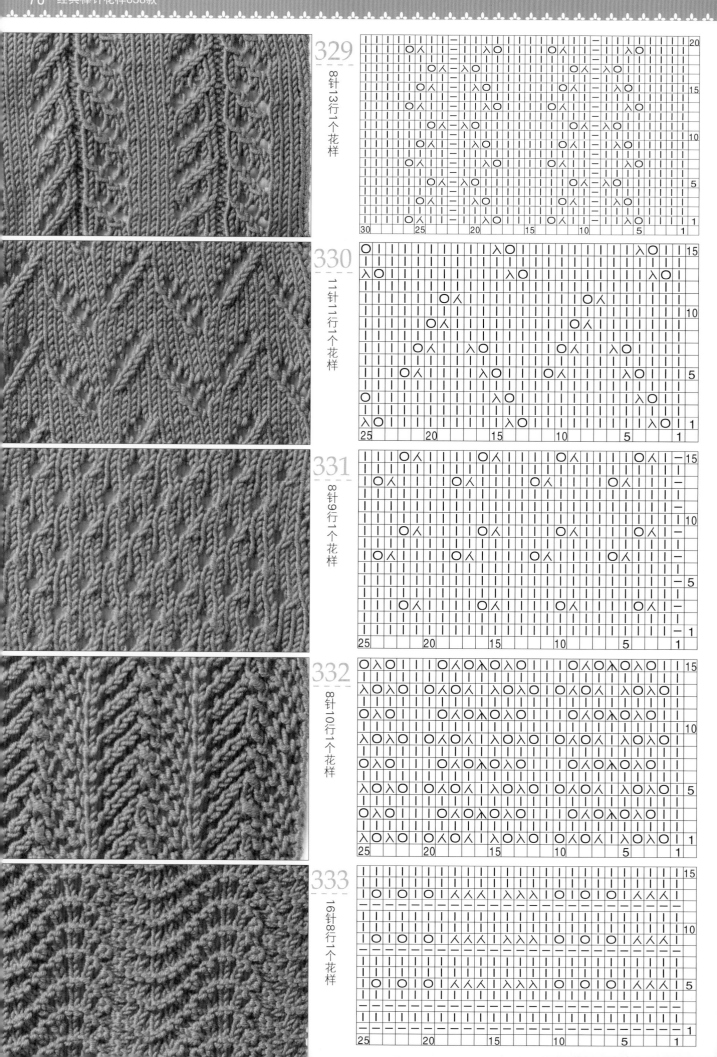

329 8针13行1个花样

330 11针11行1个花样

331 8针9行1个花样

332 8针10行1个花样

333 16针8行1个花样

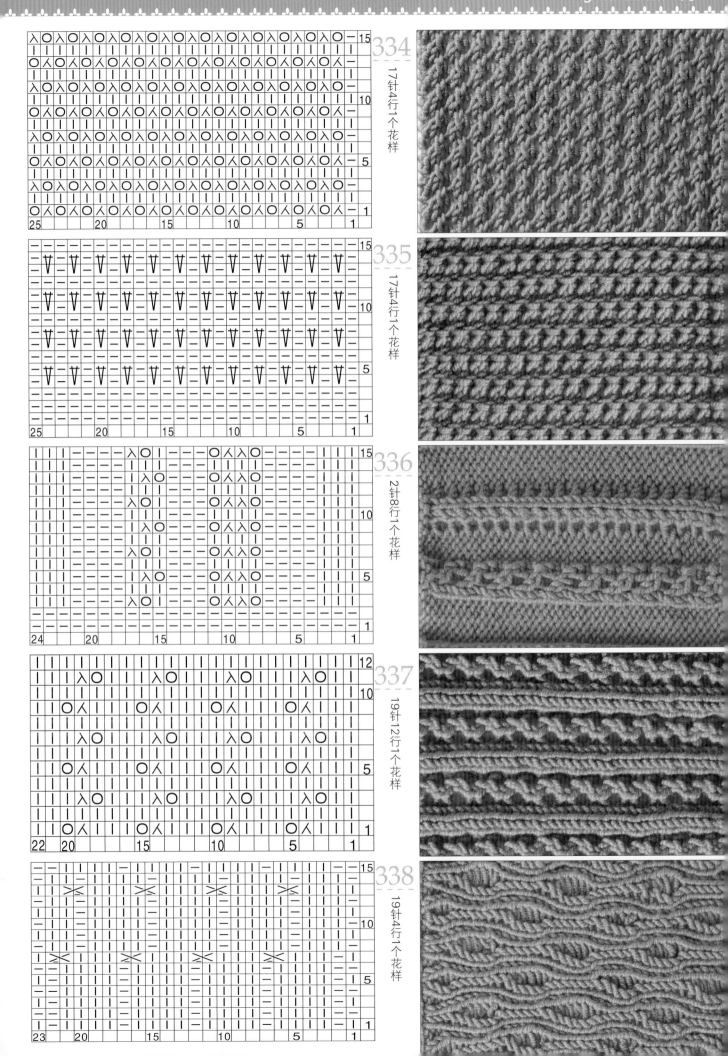

334　17针4行1个花样

335　17针4行1个花样

336　2针8行1个花样

337　19针12行1个花样

338　19针4行1个花样

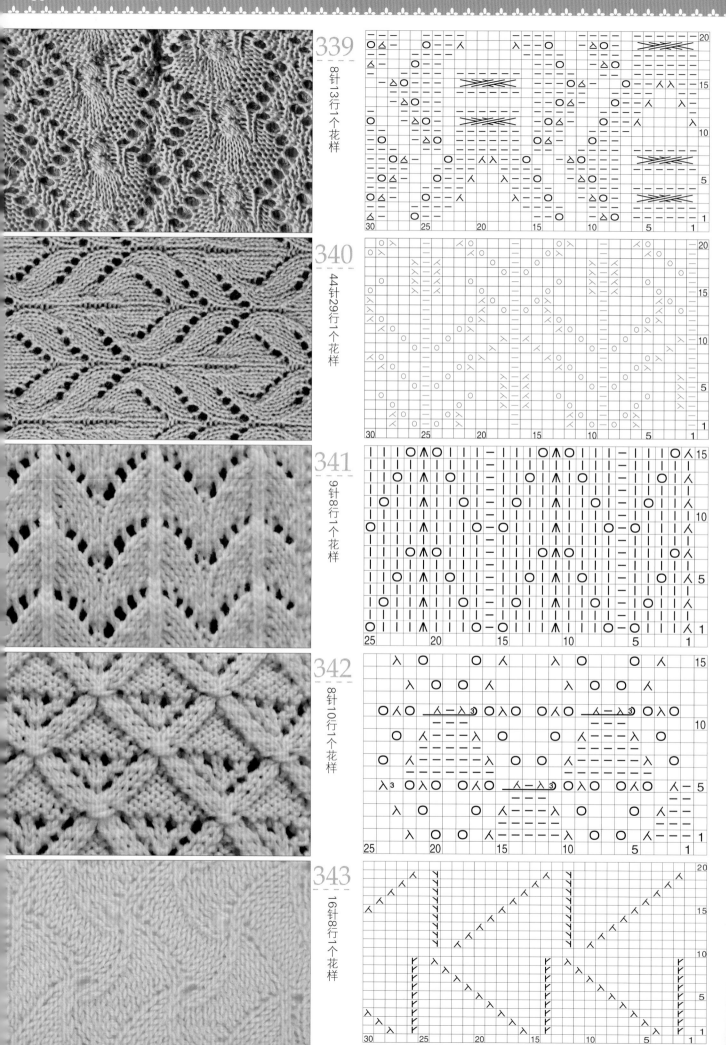

339　8针13行1个花样

340　44针29行1个花样

341　9针8行1个花样

342　8针10行1个花样

343　16针8行1个花样

344　17针4行1个花样

345　17针4行1个花样

346　10针8行1个花样

347　19针12行1个花样

348　19针4行1个花样

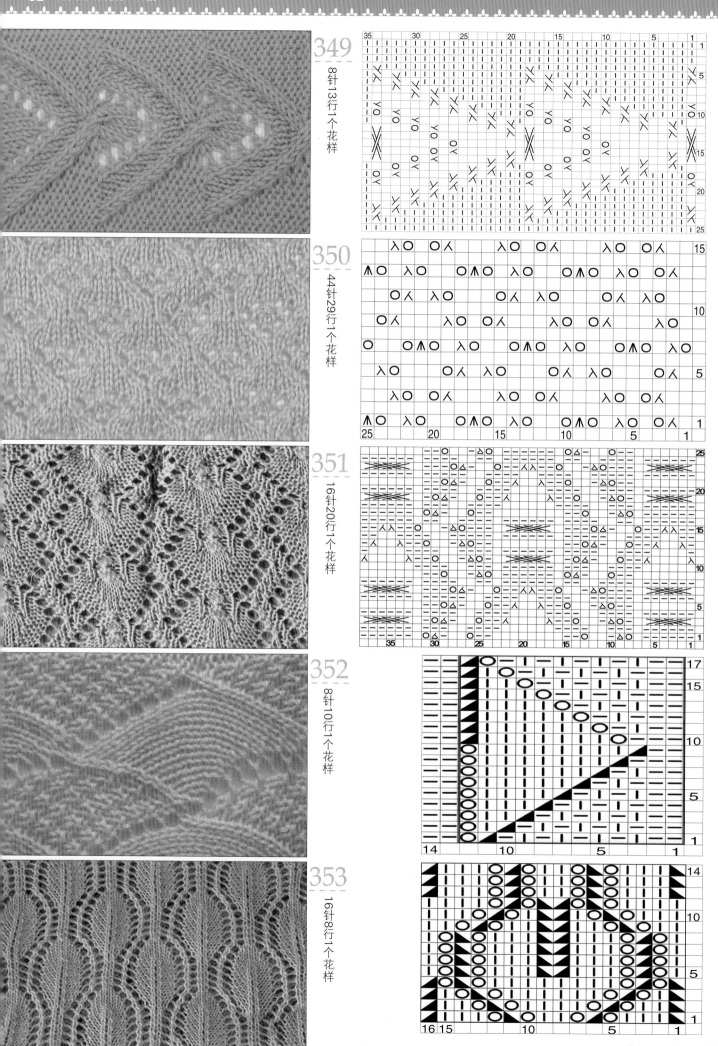

349
8针13行1个花样

350
44针29行1个花样

351
16针20行1个花样

352
8针10行1个花样

353
16针8行1个花样

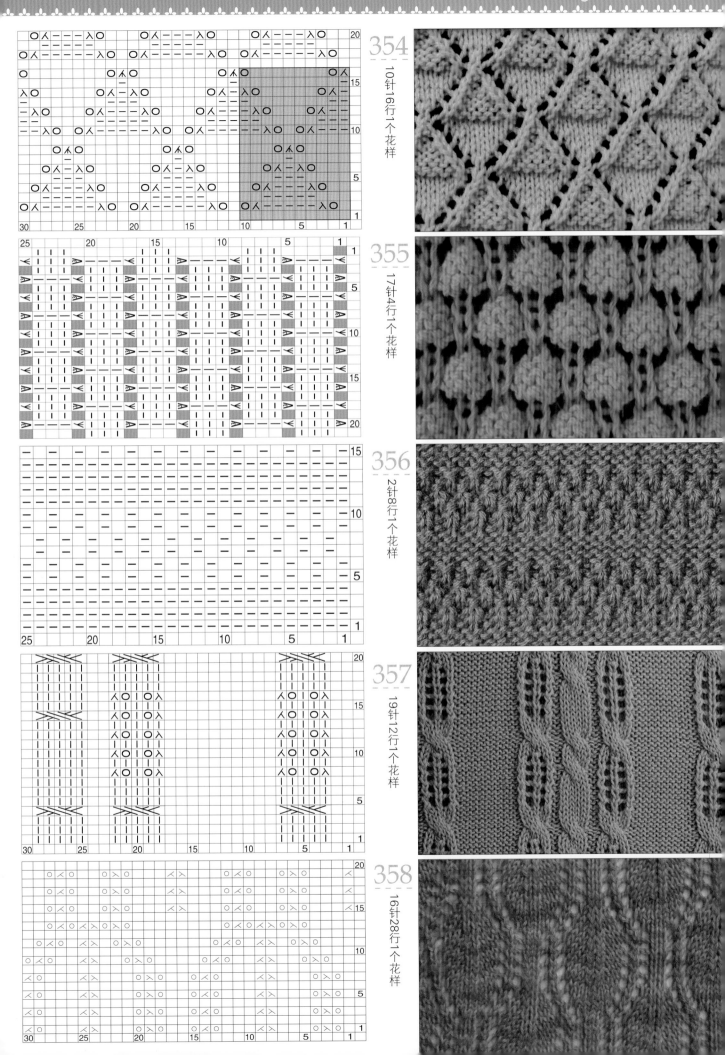

354 10针16行1个花样

355 17针4行1个花样

356 2针8行1个花样

357 19针12行1个花样

358 16针28行1个花样

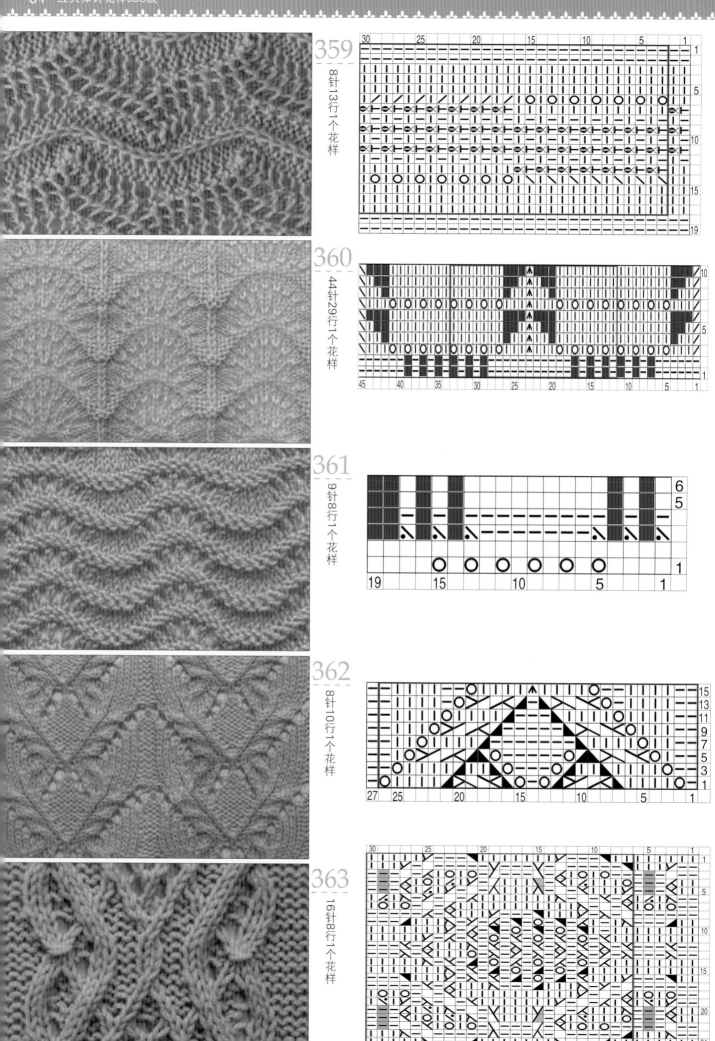

359 8针13行1个花样

360 44针29行1个花样

361 9针8行1个花样

362 8针10行1个花样

363 16针8行1个花样

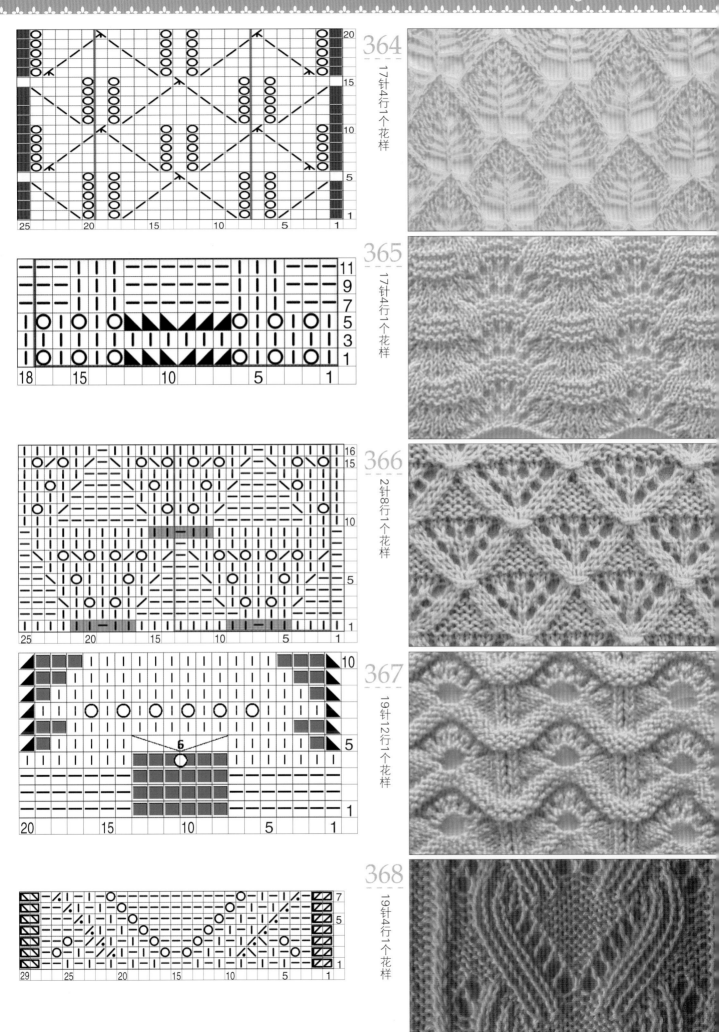

364

17针4行1个花样

365

17针4行1个花样

366

2针8行1个花样

367

19针12行1个花样

368

19针4行1个花样

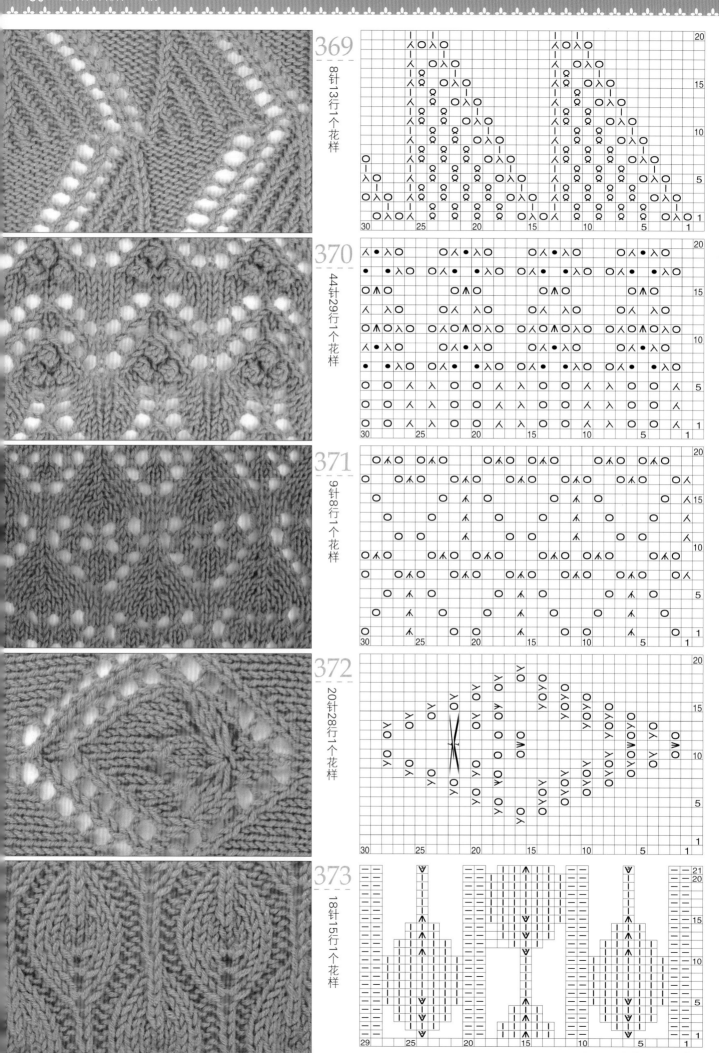

369　8针13行1个花样

370　44针29行1个花样

371　9针8行1个花样

372　20针28行1个花样

373　18针15行1个花样

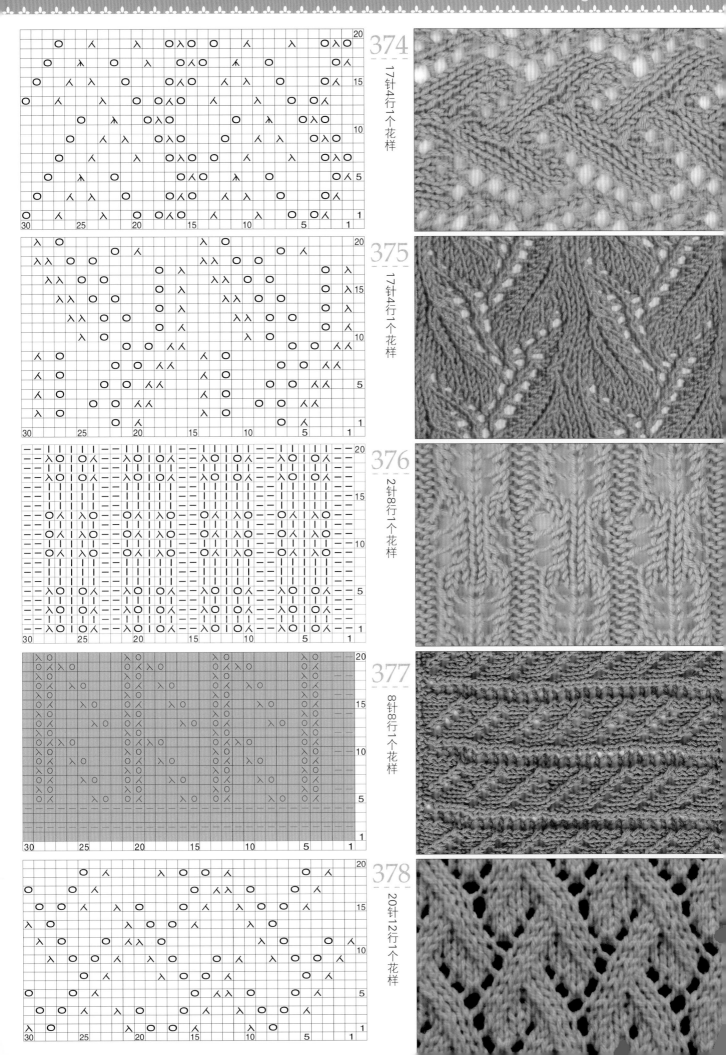

374　17针4行1个花样

375　17针4行1个花样

376　2针8行1个花样

377　8针8行1个花样

378　20针12行1个花样

379　14针30行1个花样

380　20针40行1个花样

381　17针14行1个花样

382　20针13行1个花样

383　10针10行1个花样

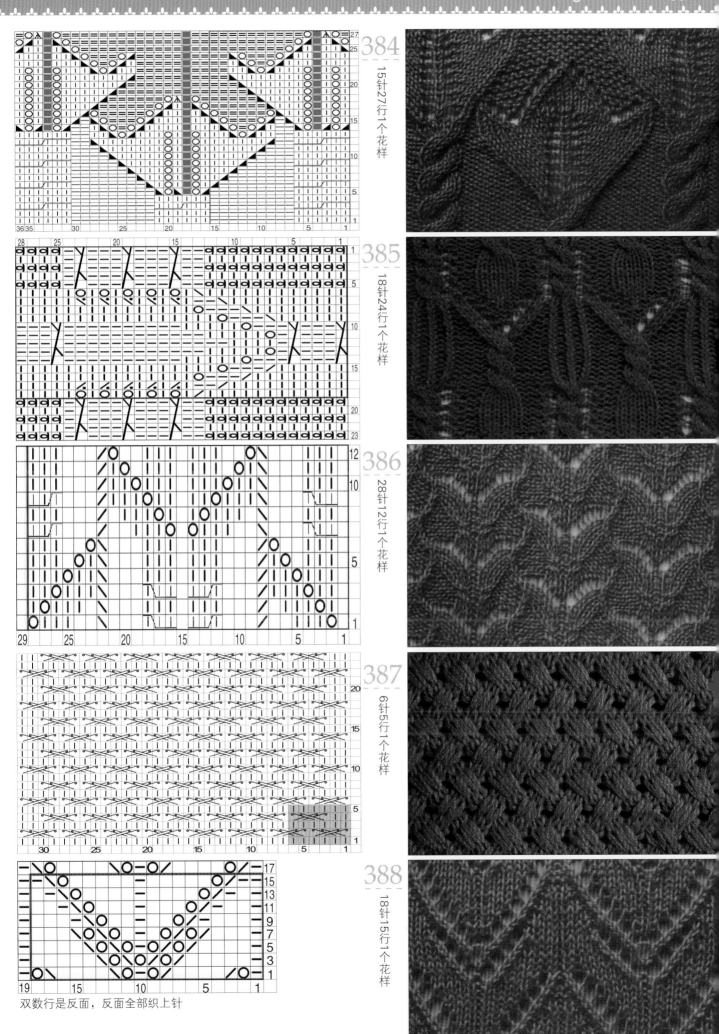

384 15针27行1个花样

385 18针24行1个花样

386 28针12行1个花样

387 6针5行1个花样

388 18针15行1个花样

双数行是反面，反面全部织上针

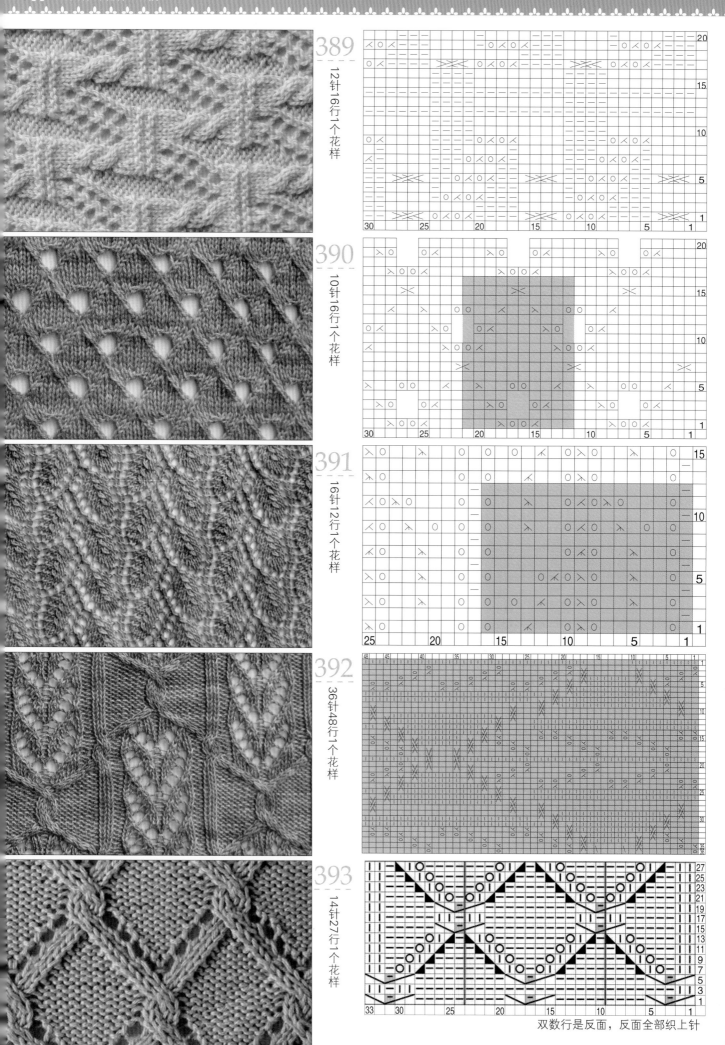

389　12针16行1个花样

390　10针16行1个花样

391　16针12行1个花样

392　36针48行1个花样

393　14针27行1个花样

双数行是反面，反面全部织上针

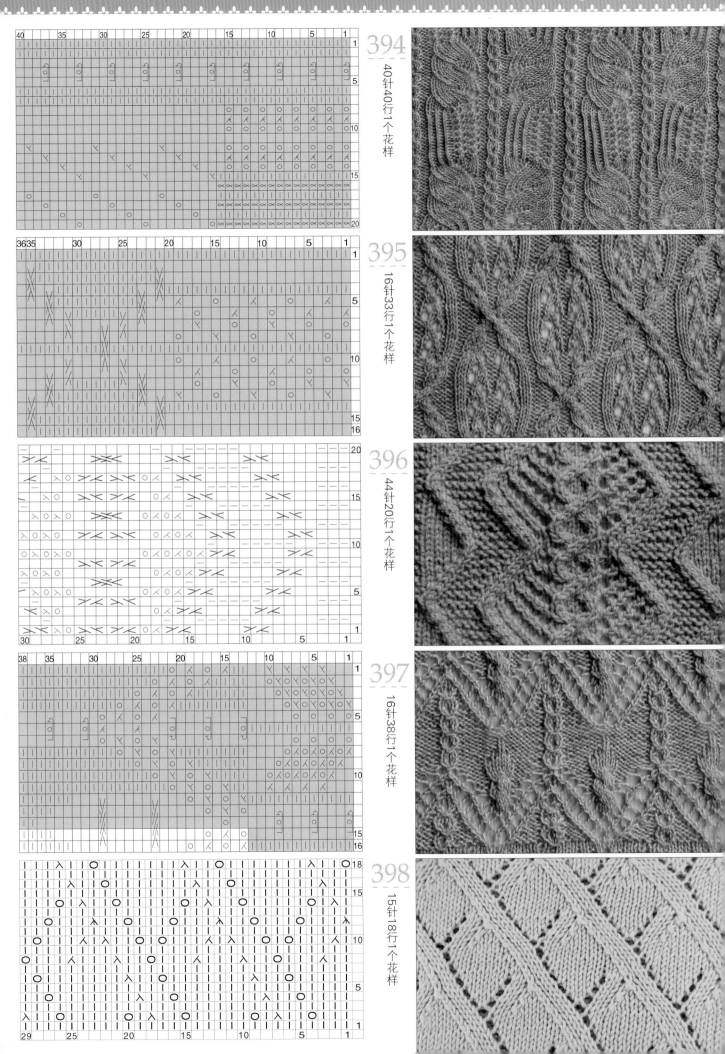

394　40针40行1个花样

395　16针33行1个花样

396　44针20行1个花样

397　16针38行1个花样

398　15针18行1个花样

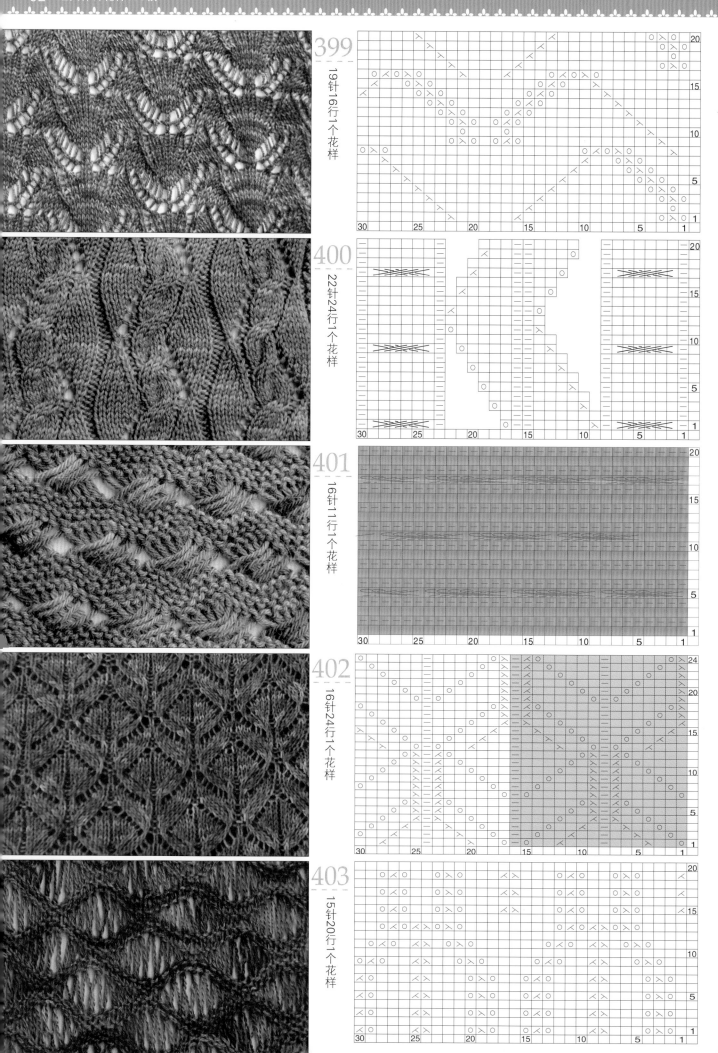

399　19针16行1个花样

400　22针24行1个花样

401　16针11行1个花样

402　16针24行1个花样

403　15针20行1个花样

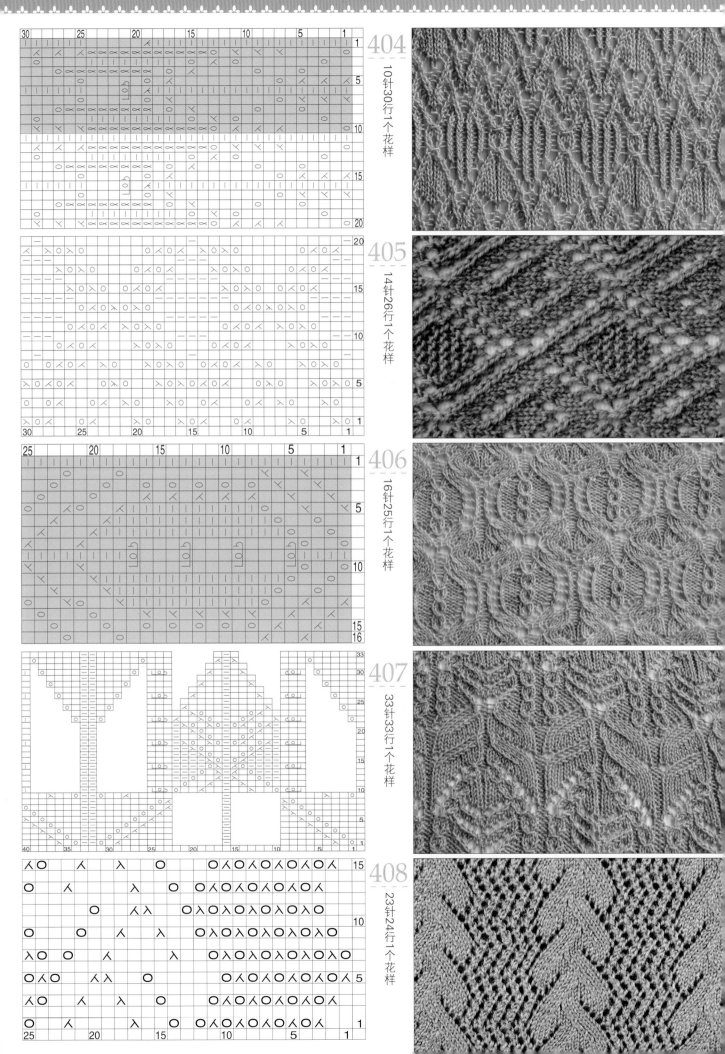

404 10针30行1个花样

405 14针26行1个花样

406 16针25行1个花样

407 33针33行1个花样

408 23针24行1个花样

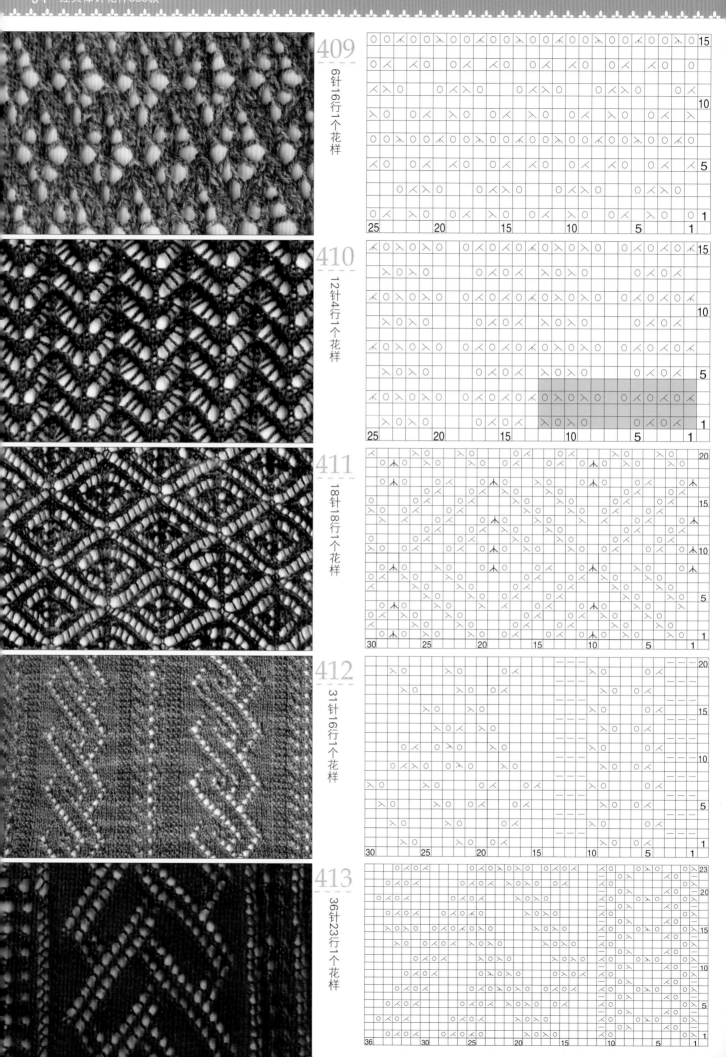

409　6针16行1个花样

410　12针4行1个花样

411　18针18行1个花样

412　31针16行1个花样

413　36针23行1个花样

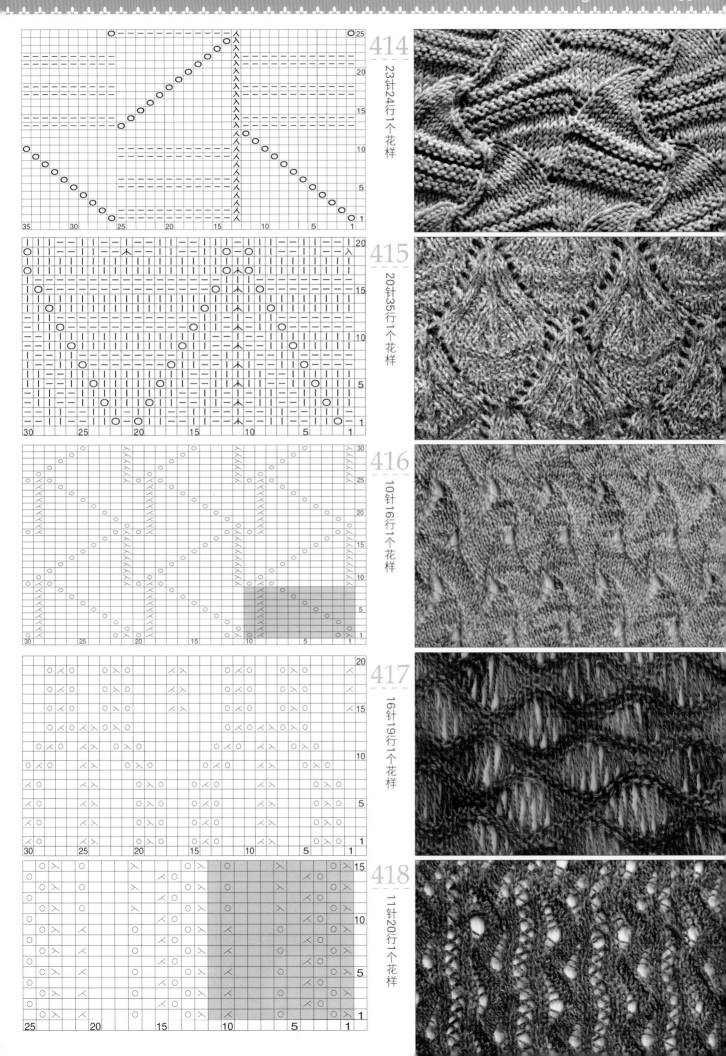

414 23针24行1个花样

415 20针35行1个花样

416 10针16行1个花样

417 16针19行1个花样

418 11针20行1个花样

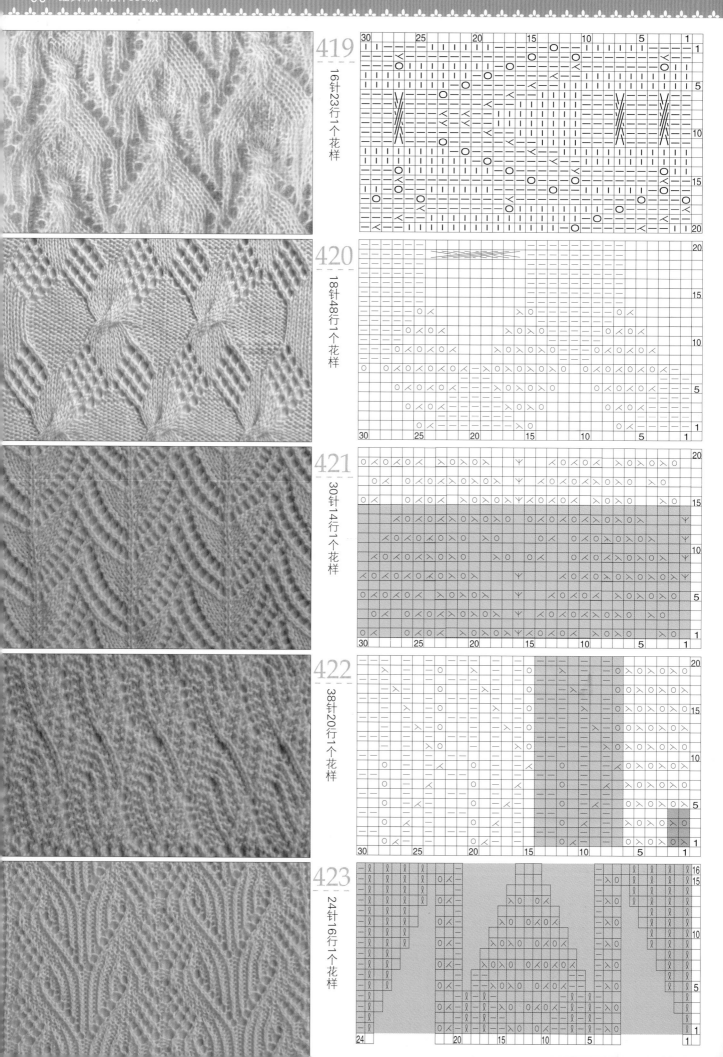

419　16针23行1个花样

420　18针48行1个花样

421　30针14行1个花样

422　38针20行1个花样

423　24针16行1个花样

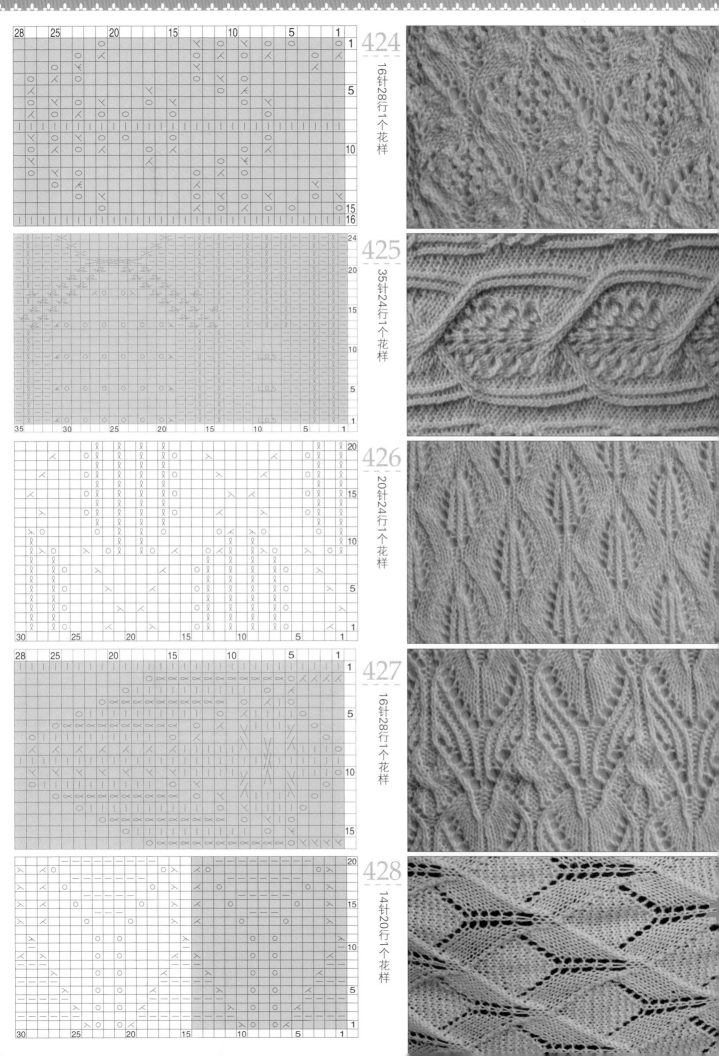

424 16针28行1个花样

425 35针24行1个花样

426 20针24行1个花样

427 16针28行1个花样

428 14针20行1个花样

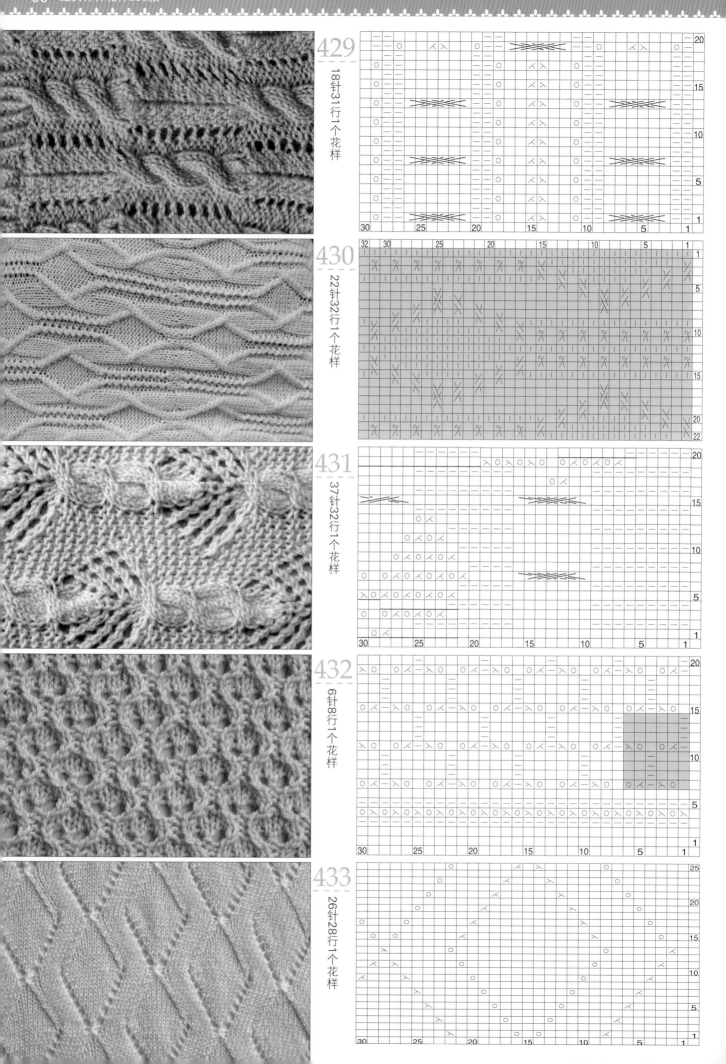

429 18针31行1个花样

430 22针32行1个花样

431 37针32行1个花样

432 6针8行1个花样

433 26针28行1个花样

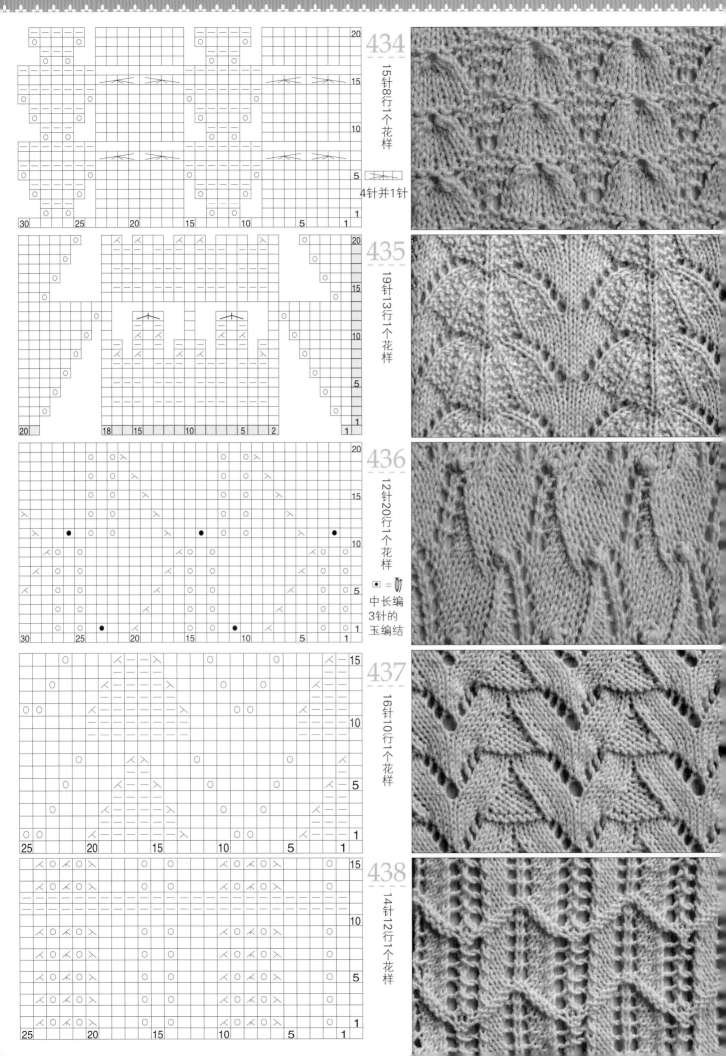

434 15针8行1个花样

4针并1针

435 19针13行1个花样

436 12针20行1个花样

● = 中长编3针的玉编结

437 16针10行1个花样

438 14针12行1个花样

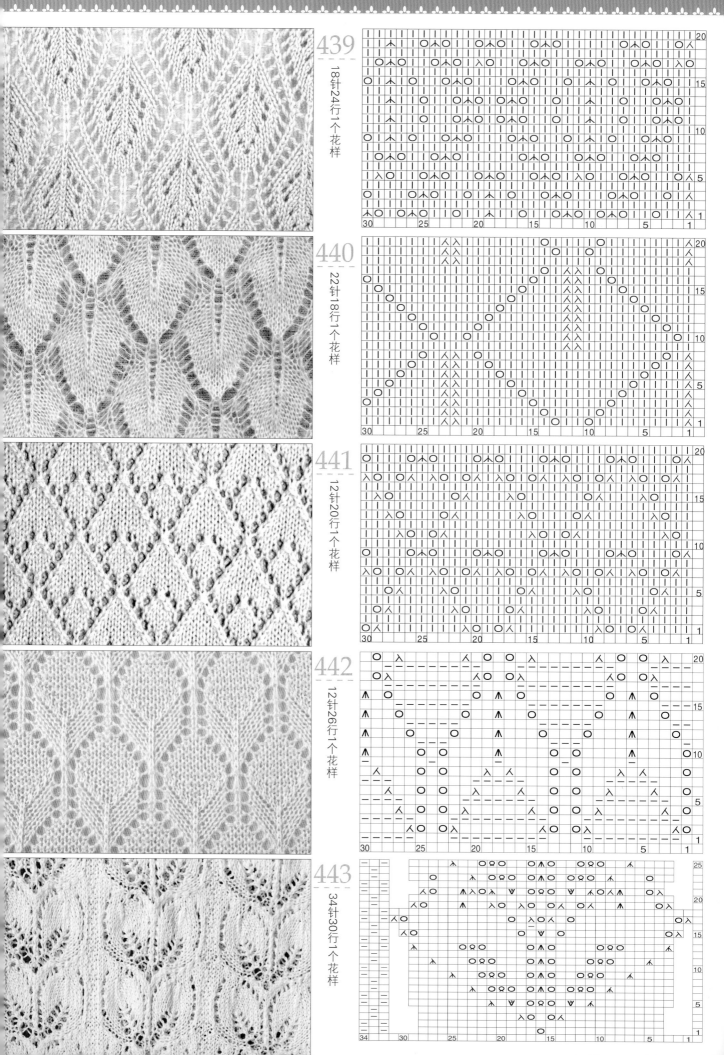

439　18针24行1个花样

440　22针18行1个花样

441　12针20行1个花样

442　12针26行1个花样

443　34针30行1个花样

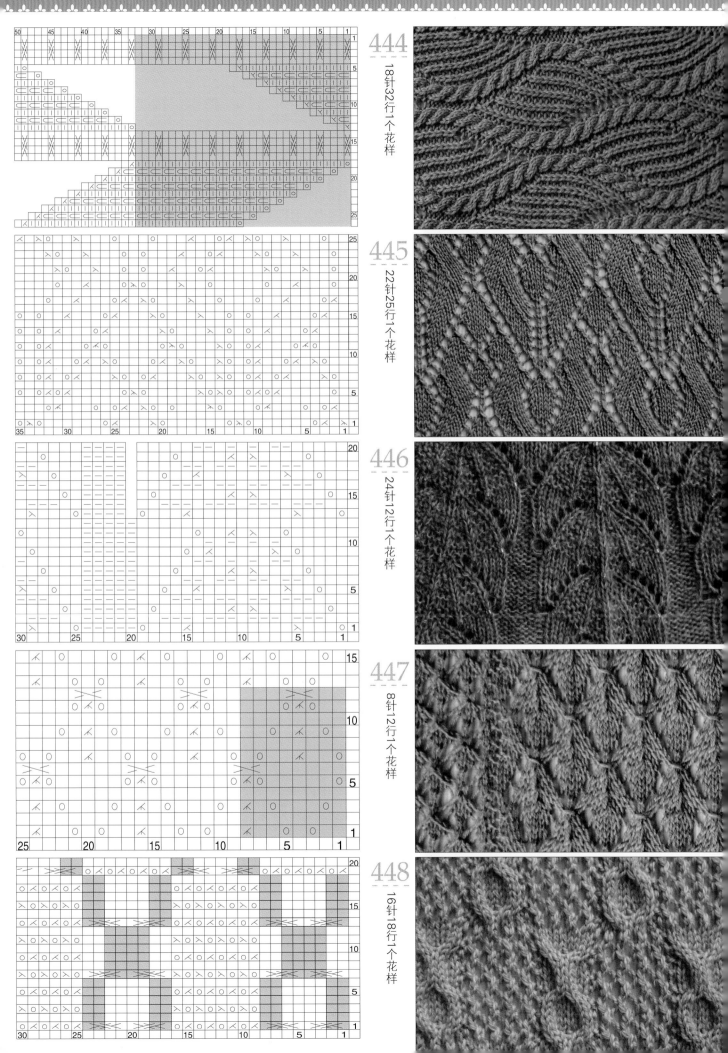

444
18针32行1个花样

445
22针25行1个花样

446
24针12行1个花样

447
8针12行1个花样

448
16针18行1个花样

4 实用传统花样

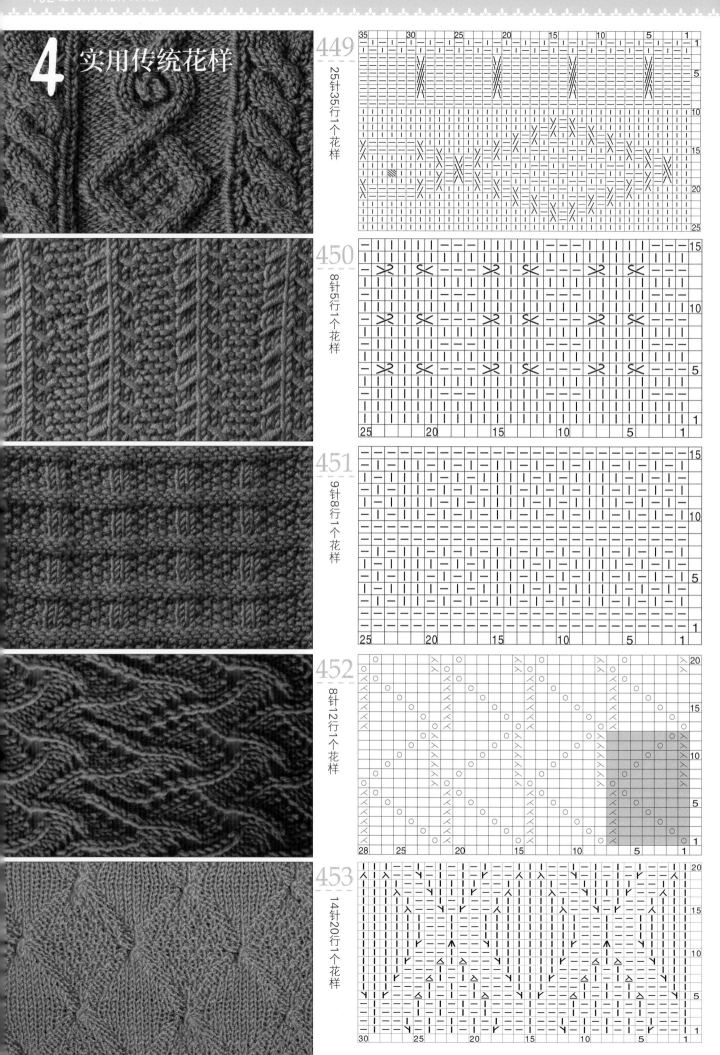

449 25针35行1个花样

450 8针5行1个花样

451 9针8行1个花样

452 8针12行1个花样

453 14针20行1个花样

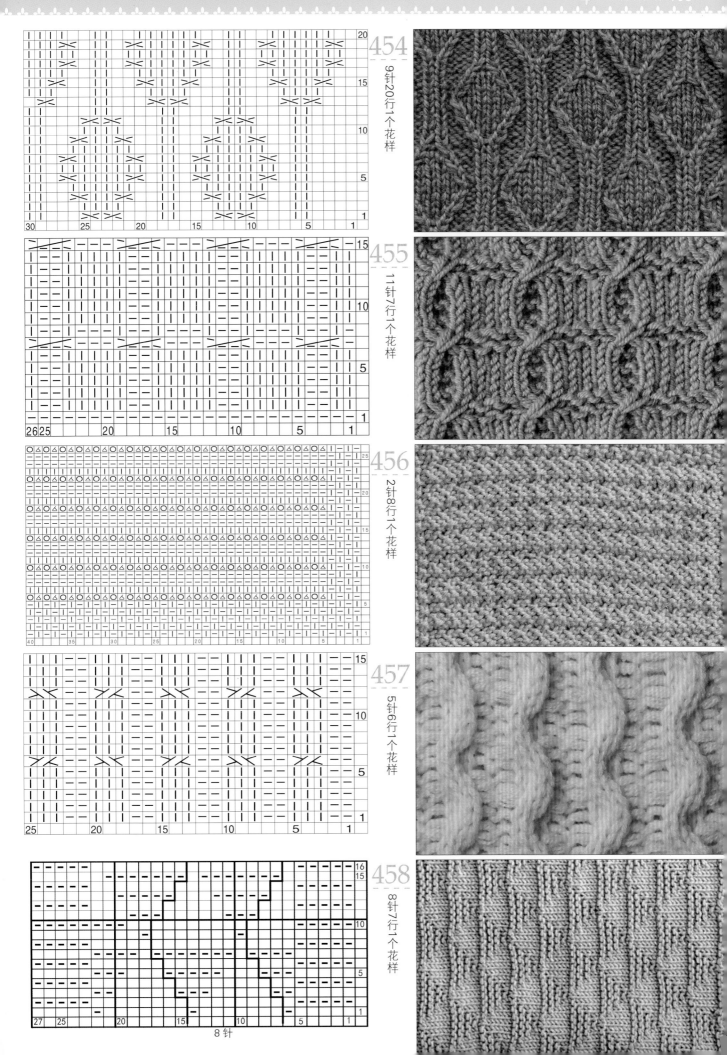

454　9针20行1个花样

455　11针7行1个花样

456　2针8行1个花样

457　5针6行1个花样

458　8针7行1个花样

8针

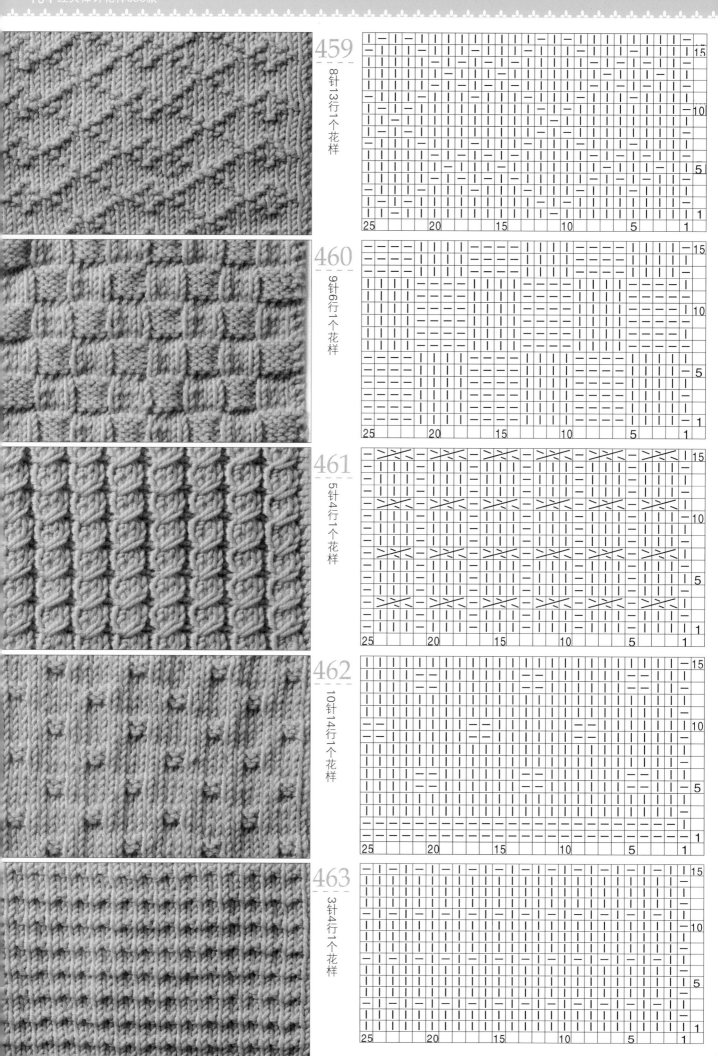

459 8针13行1个花样

460 9针6行1个花样

461 5针4行1个花样

462 10针14行1个花样

463 3针4行1个花样

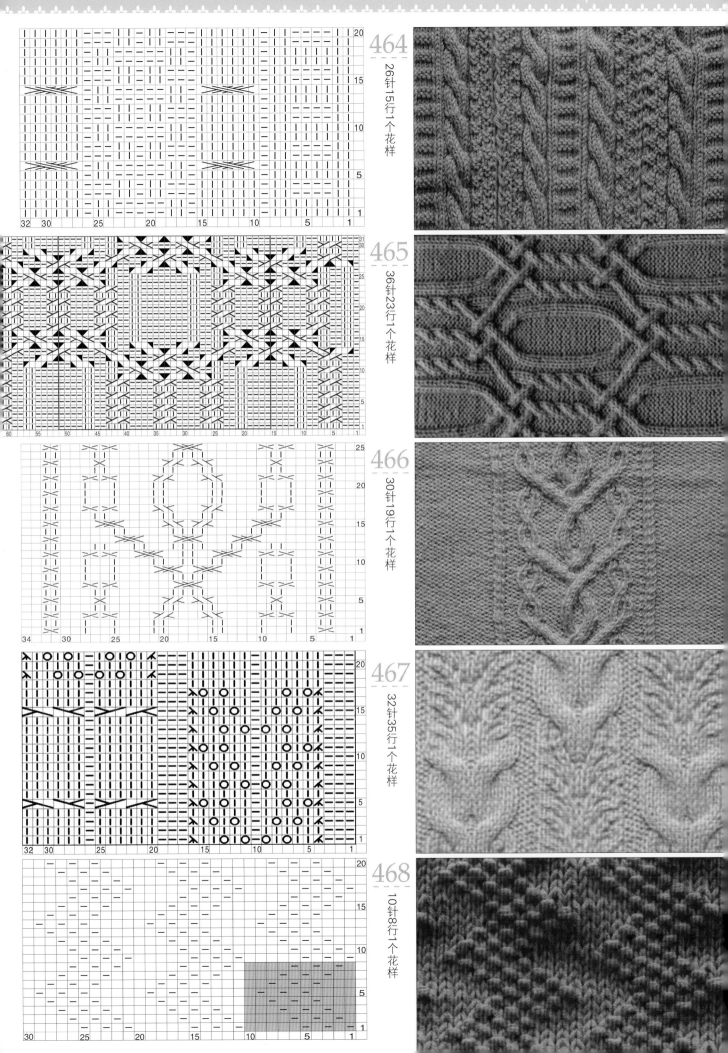

464 26针15行1个花样

465 36针23行1个花样

466 30针19行1个花样

467 32针35行1个花样

468 10针8行1个花样

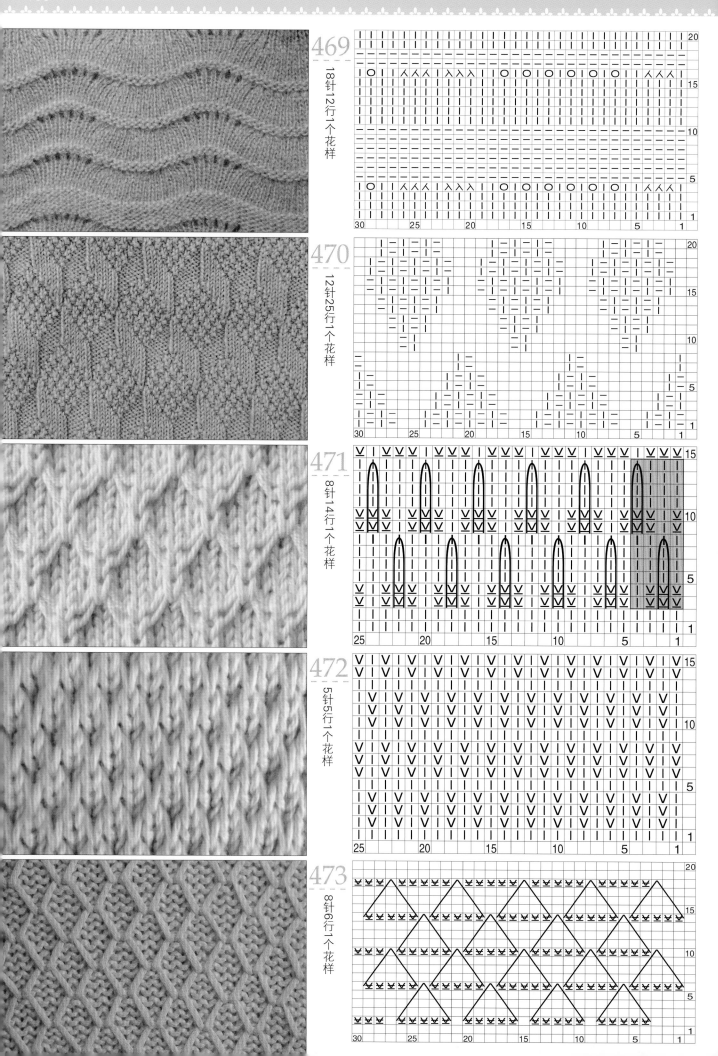

469 18针12行1个花样

470 12针25行1个花样

471 8针14行1个花样

472 5针5行1个花样

473 8针6行1个花样

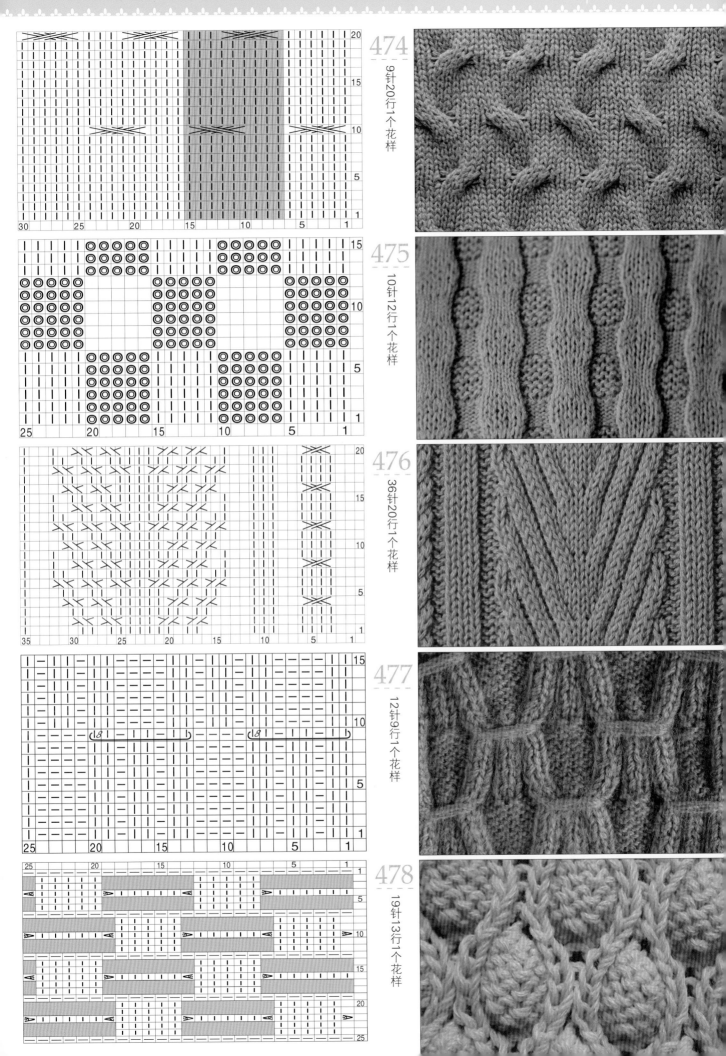

474　9针20行1个花样

475　10针12行1个花样

476　36针20行1个花样

477　12针9行1个花样

478　19针13行1个花样

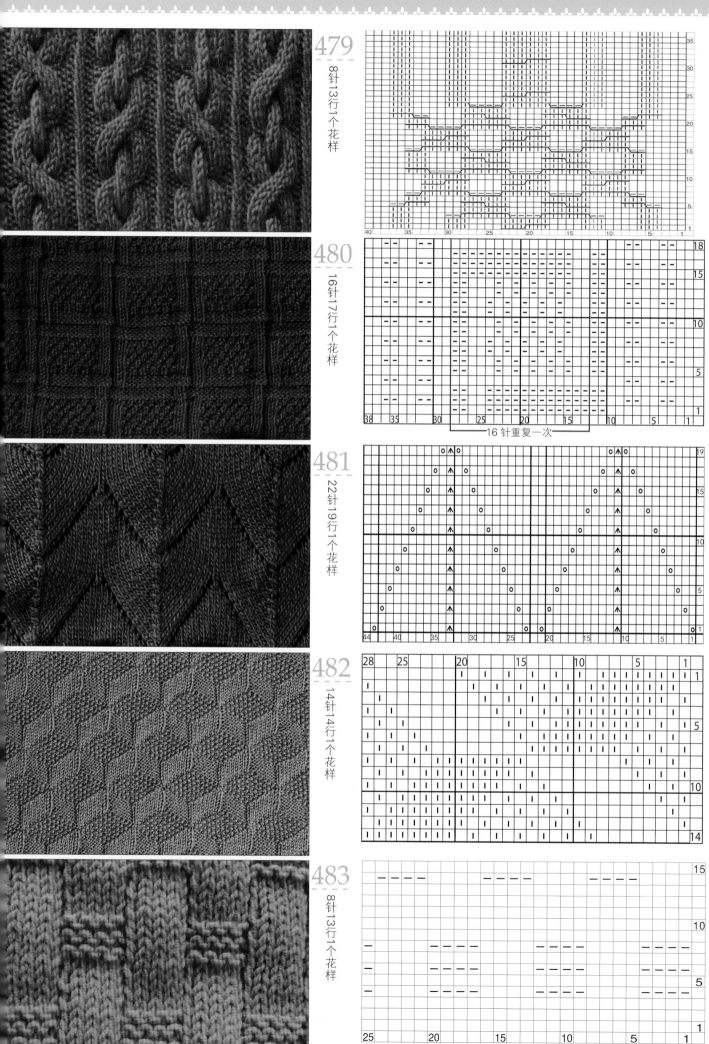

479　8针13行1个花样

480　16针17行1个花样

16针重复一次

481　22针19行1个花样

482　14针14行1个花样

483　8针13行1个花样

484 29针32行1个花样

485 10针12行1个花样

486 8针8行1个花样

487 28针24行1个花样

488 10针16行1个花样

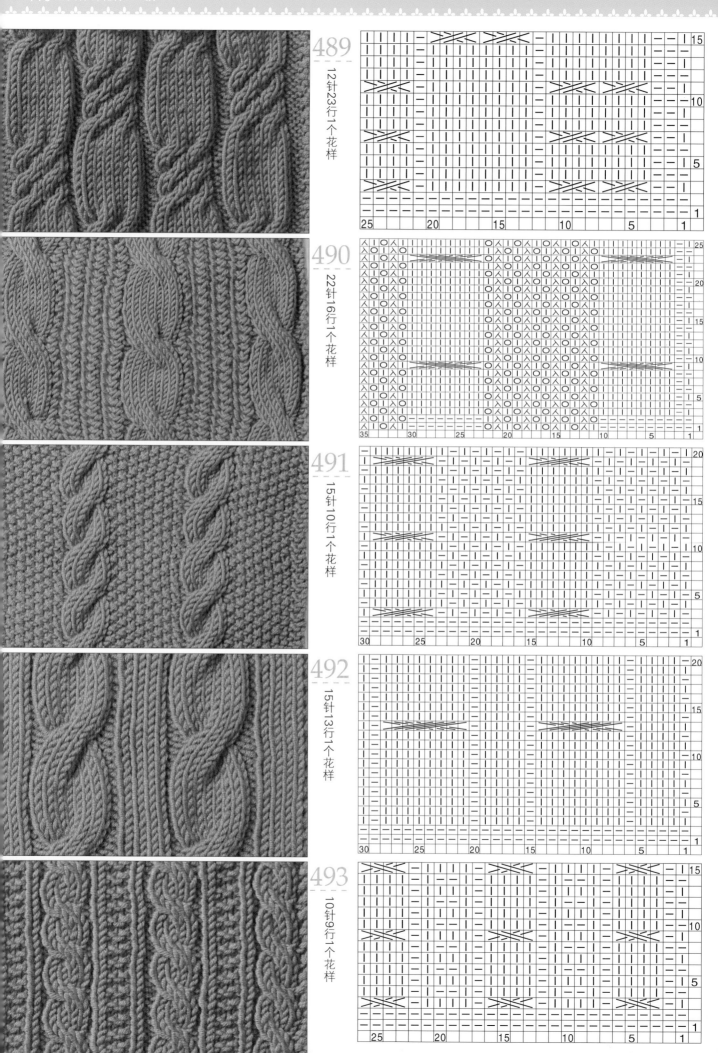

489 12针23行1个花样

490 22针16行1个花样

491 15针10行1个花样

492 15针13行1个花样

493 10针9行1个花样

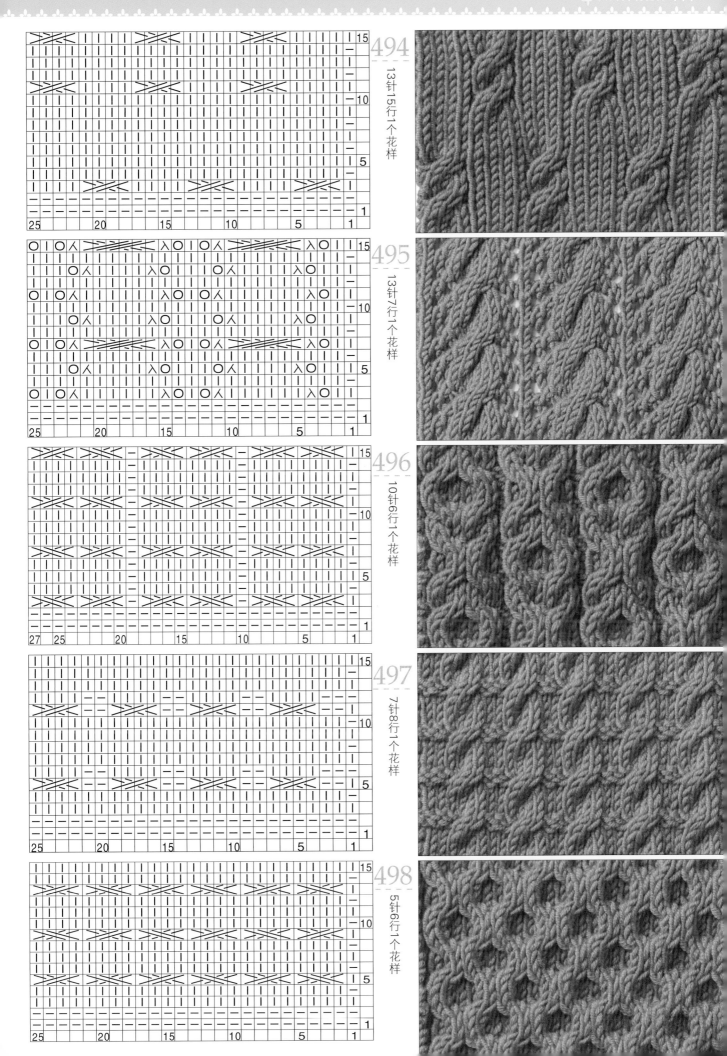

494 13针15行1个花样

495 13针7行1个花样

496 10针6行1个花样

497 7针8行1个花样

498 5针6行1个花样

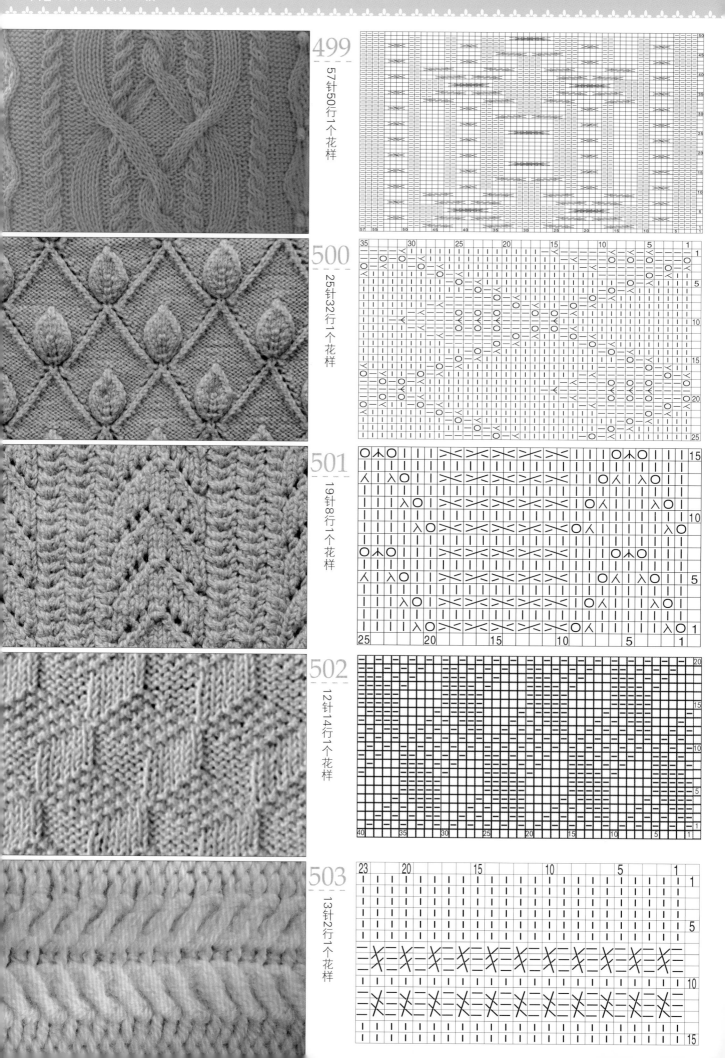

499
57针50行1个花样

500
25针32行1个花样

501
19针8行1个花样

502
12针14行1个花样

503
13针2行1个花样

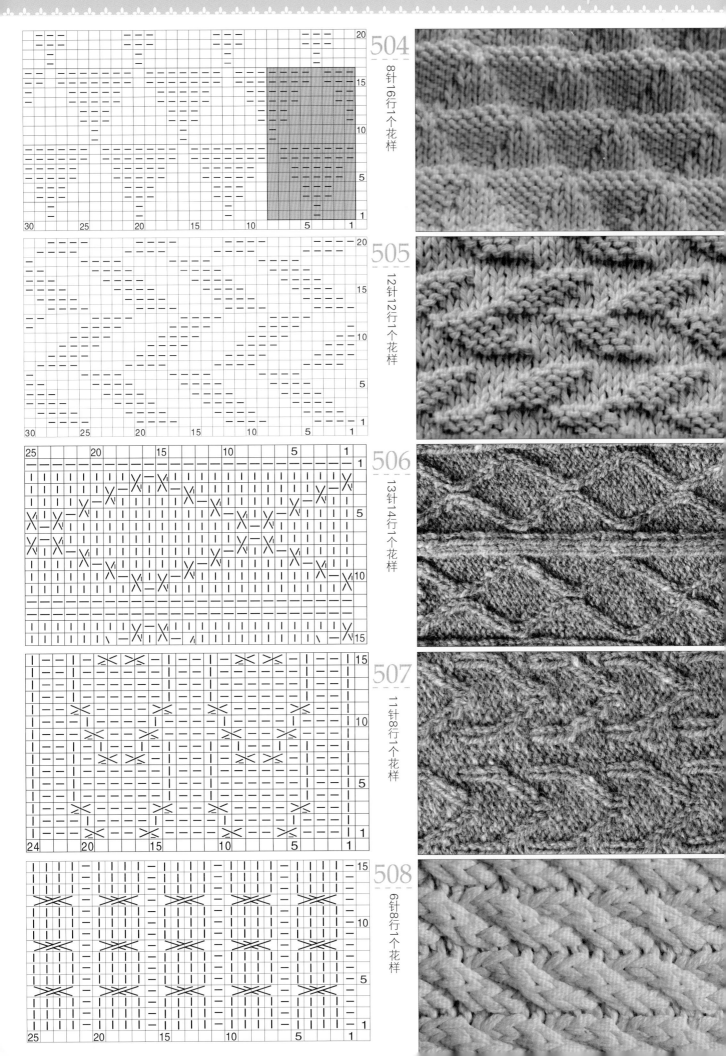

504 8针16行1个花样

505 12针12行1个花样

506 13针14行1个花样

507 11针8行1个花样

508 6针8行1个花样

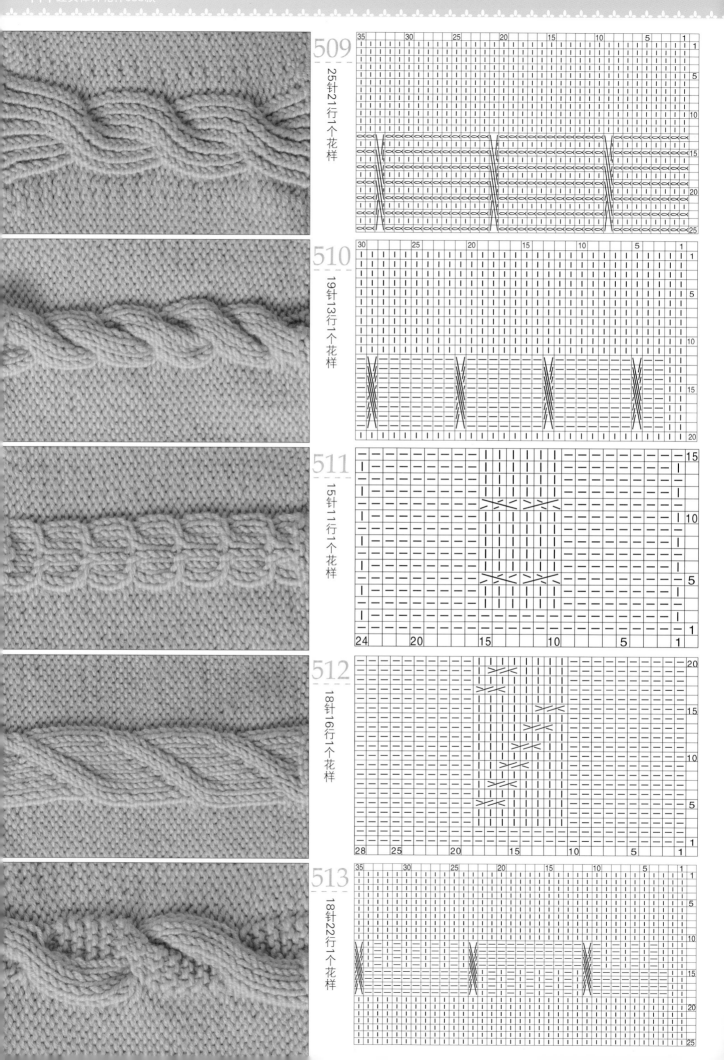

509
25针21行1个花样

510
19针13行1个花样

511
15针11行1个花样

512
18针16行1个花样

513
18针22行1个花样

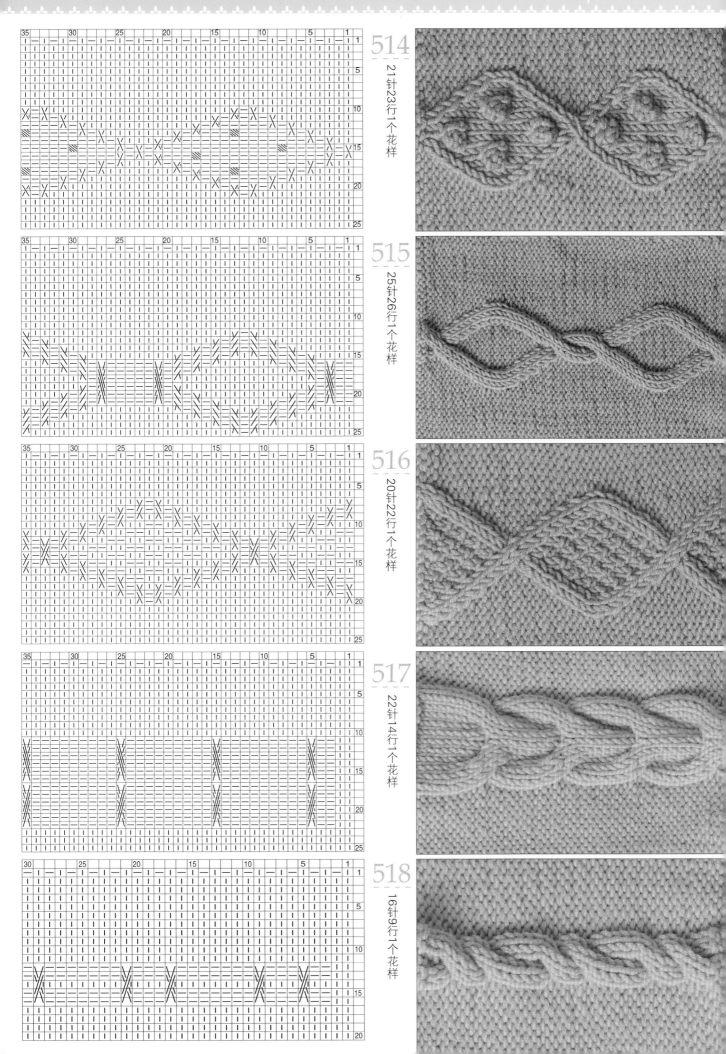

514　21针23行1个花样

515　25针26行1个花样

516　20针22行1个花样

517　22针14行1个花样

518　16针9行1个花样

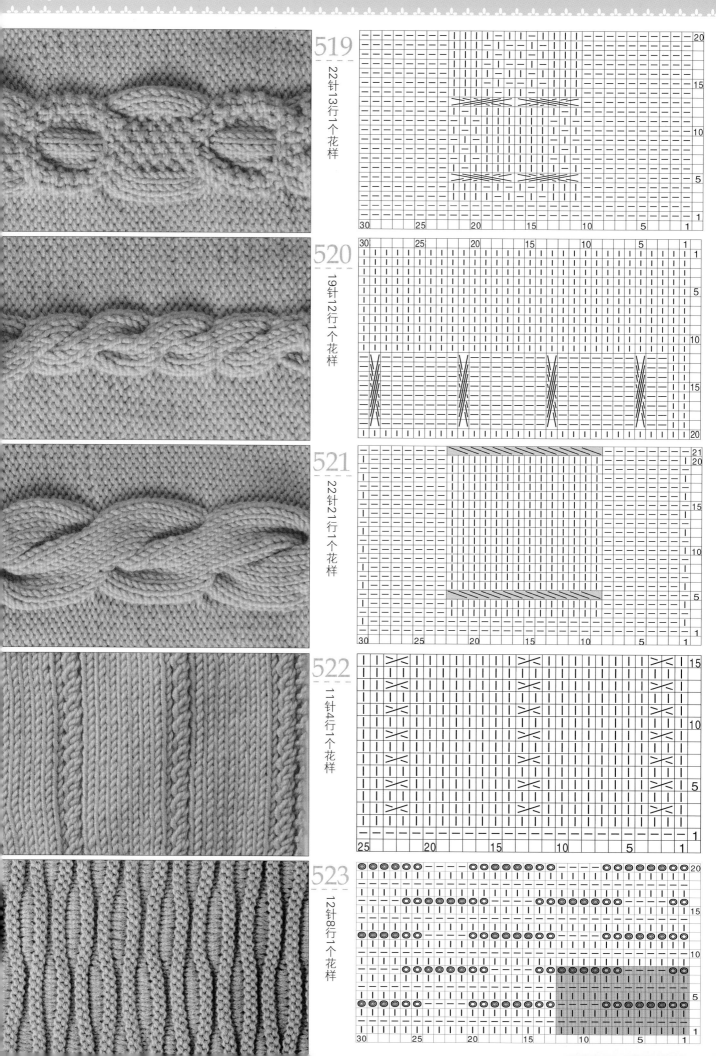

519 22针13行1个花样

520 19针12行1个花样

521 22针21行1个花样

522 11针4行1个花样

523 12针8行1个花样

524 16针13行1个花样

525 12针14行1个花样

526 16针10行1个花样

527 35针25行1个花样

528 14针15行1个花样

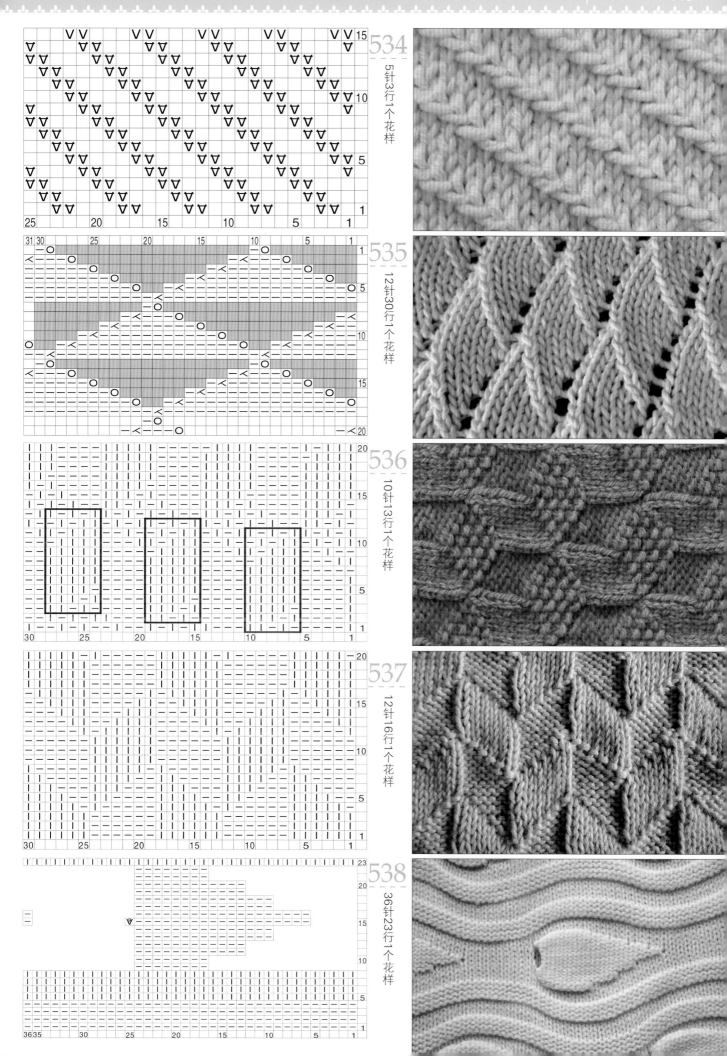

534　5针3行1个花样

535　12针30行1个花样

536　10针13行1个花样

537　12针16行1个花样

538　36针23行1个花样

539
38针23行1个花样

540
21针26行1个花样

541
16针8行1个花样

542
8针10行1个花样

543
16针8行1个花样

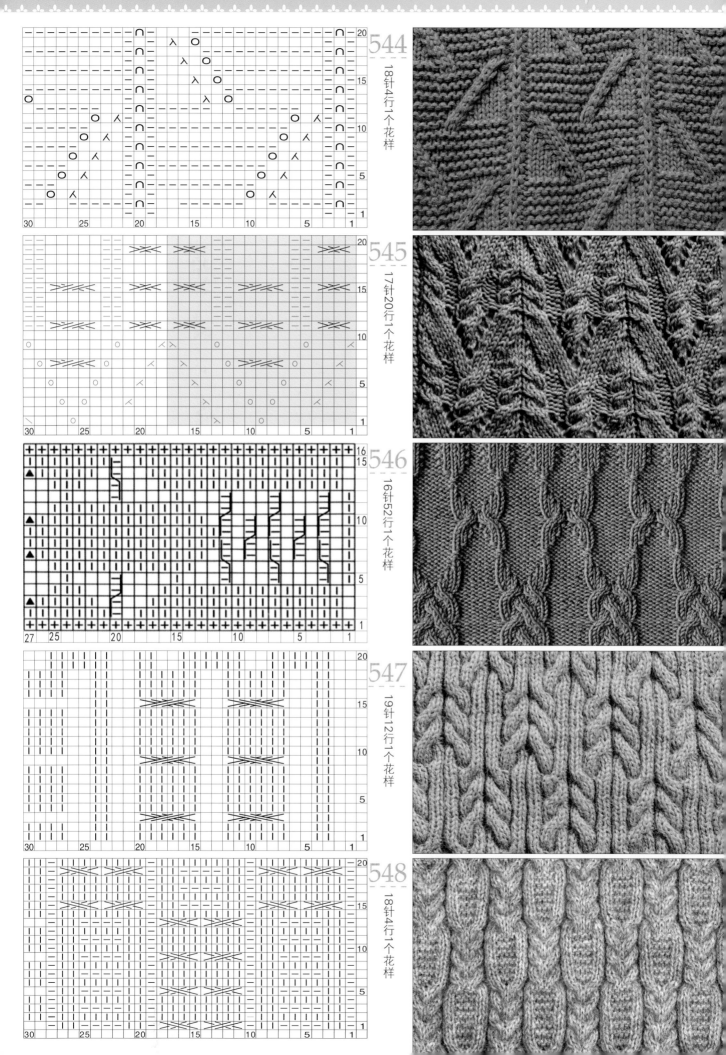

544 18针4行1个花样

545 17针20行1个花样

546 16针52行1个花样

547 19针12行1个花样

548 18针4行1个花样

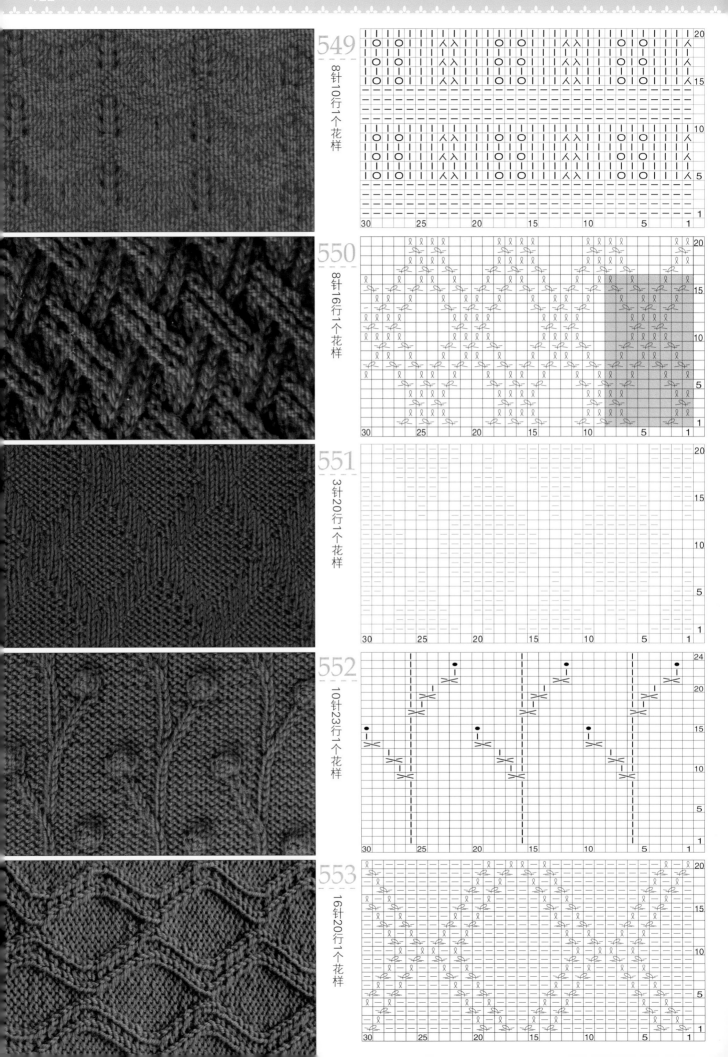

549 8针10行1个花样

550 8针16行1个花样

551 3针20行1个花样

552 10针23行1个花样

553 16针20行1个花样

554 16针10行1个花样

555 9针24行1个花样

556 10针20行1个花样

557 13针14行1个花样

558 8针5行1个花样

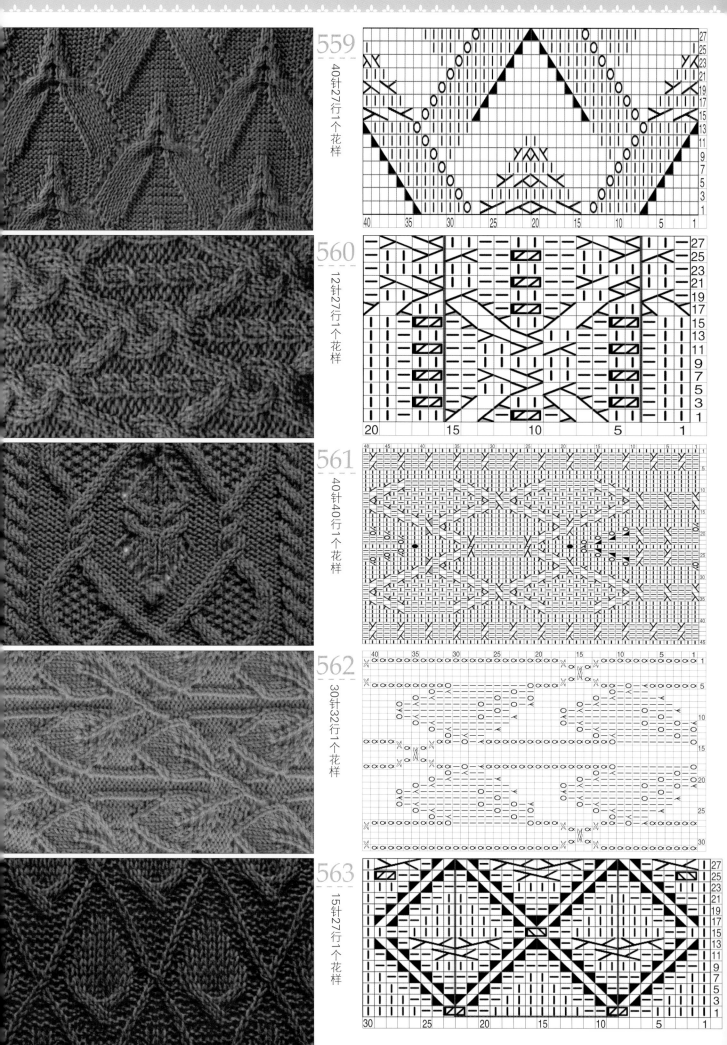

559 40针27行1个花样

560 12针27行1个花样

561 40针40行1个花样

562 30针32行1个花样

563 15针27行1个花样

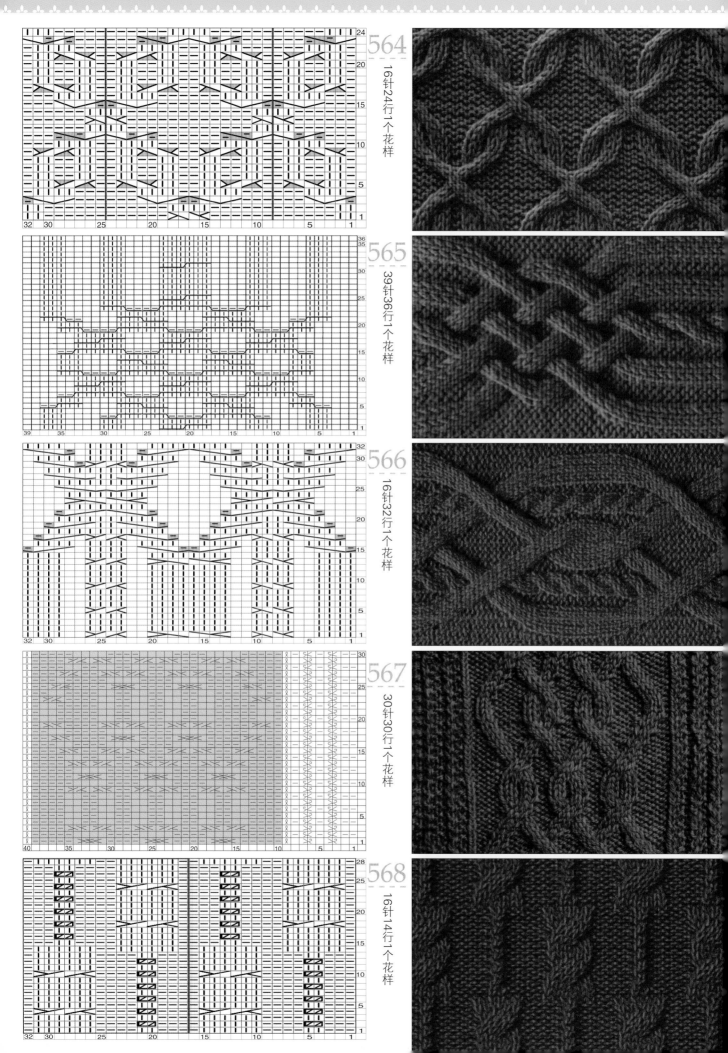

564 16针24行1个花样

565 39针36行1个花样

566 16针32行1个花样

567 30针30行1个花样

568 16针14行1个花样

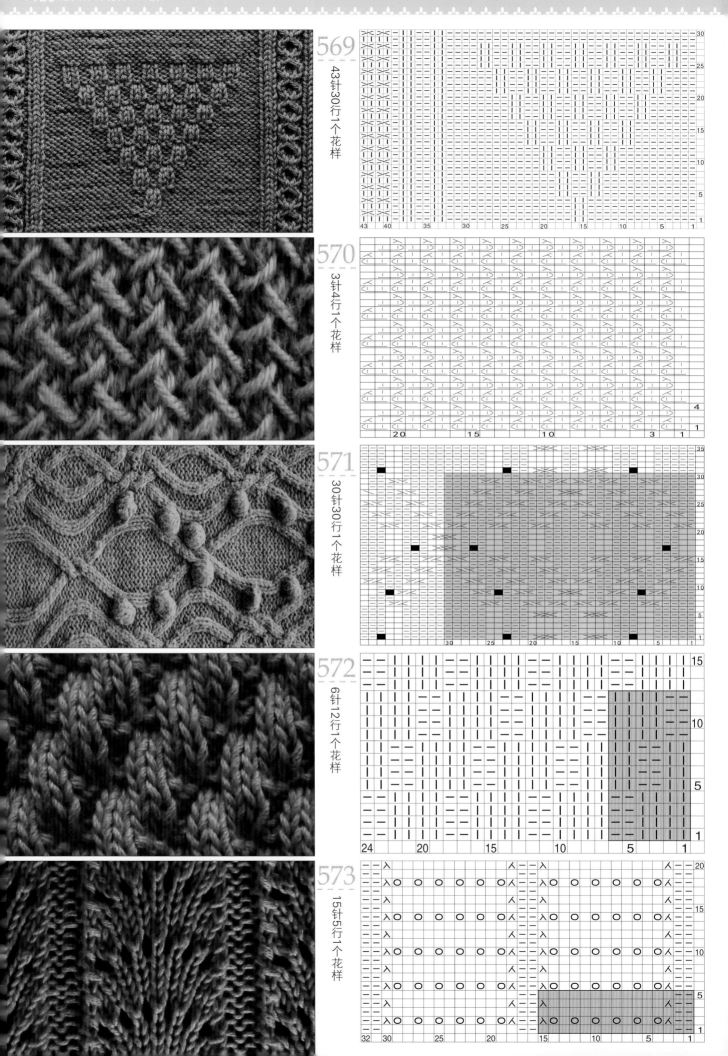

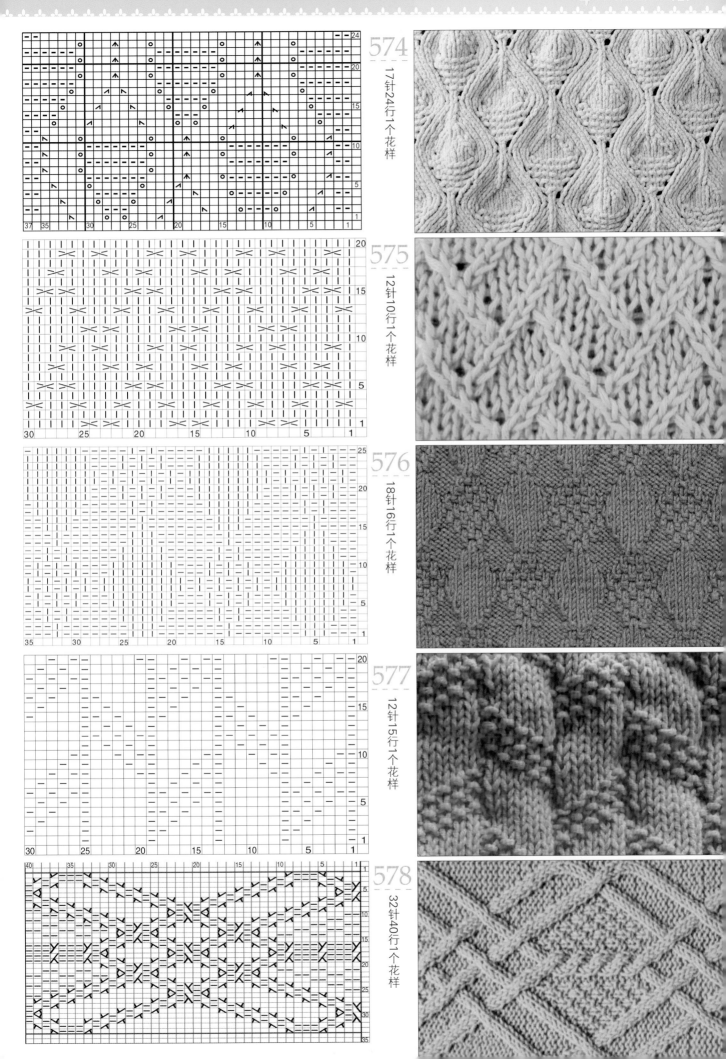

574 17针24行1个花样

575 12针10行1个花样

576 18针16行1个花样

577 12针15行1个花样

578 32针40行1个花样

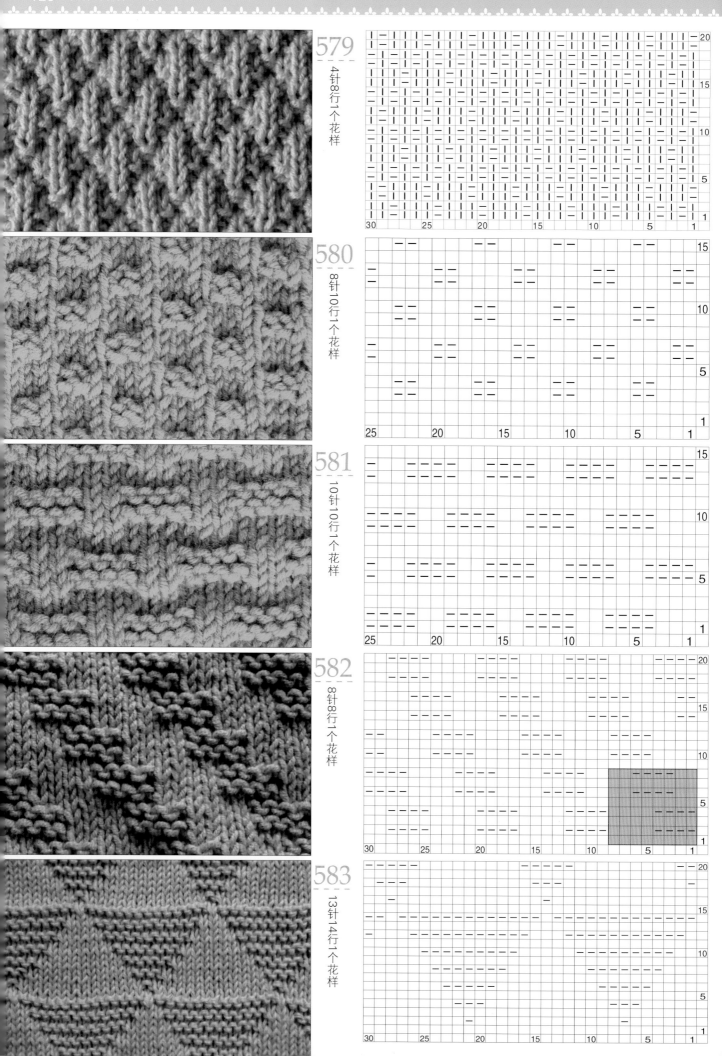

579 4针8行1个花样

580 8针10行1个花样

581 10针10行1个花样

582 8针8行1个花样

583 13针14行1个花样

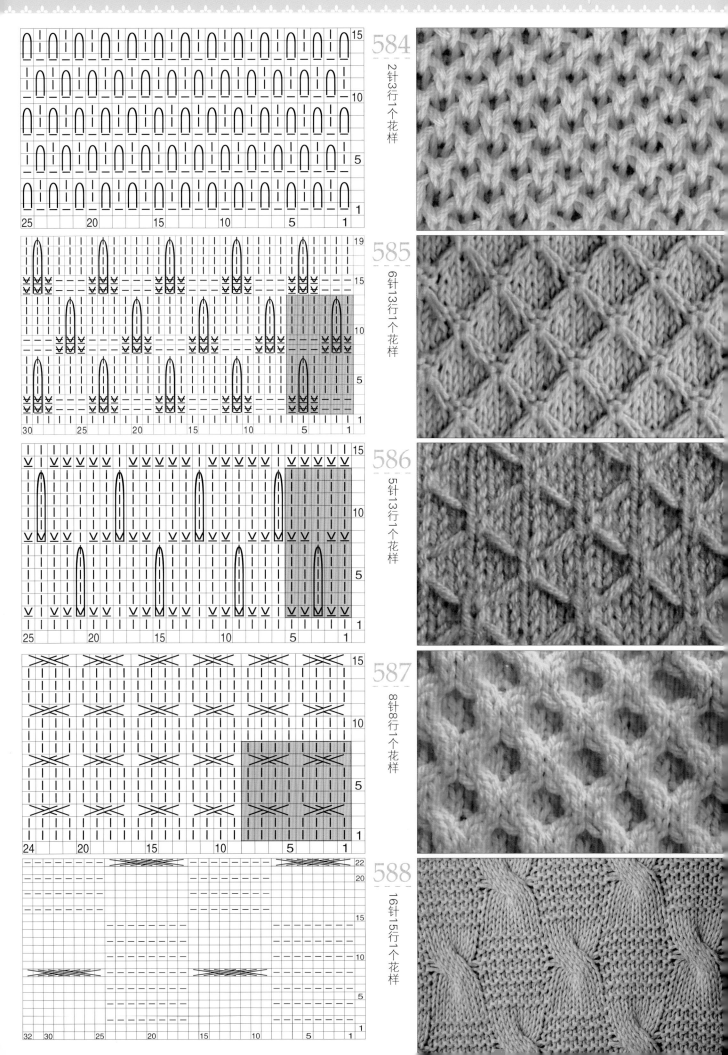

584　2针3行1个花样

585　6针13行1个花样

586　5针13行1个花样

587　8针8行1个花样

588　16针15行1个花样

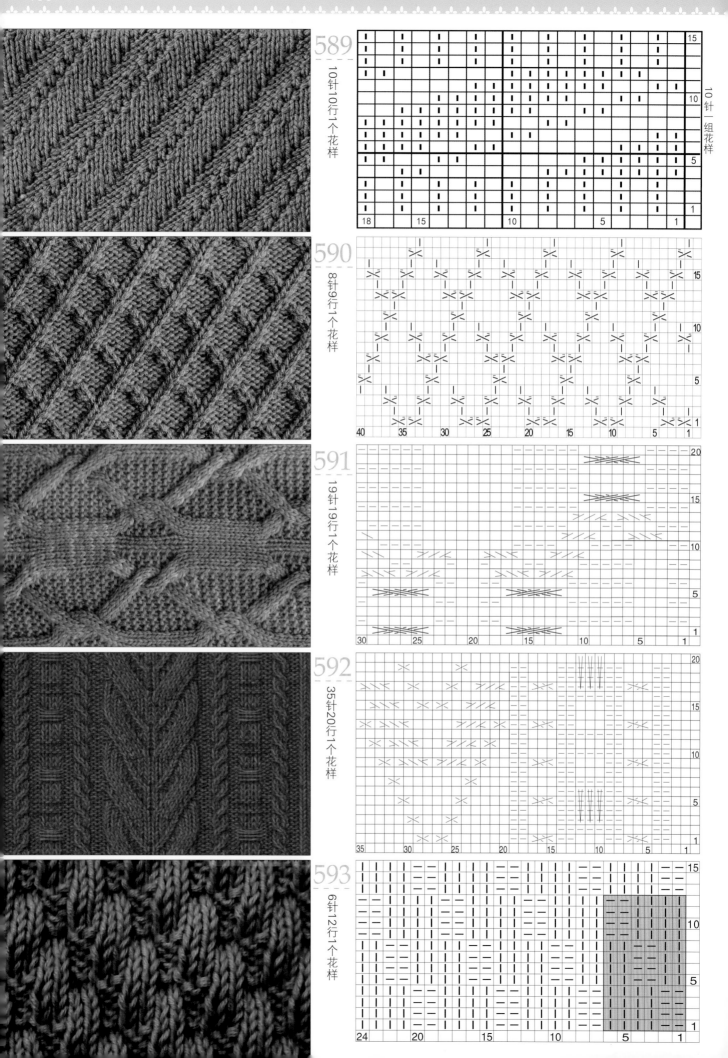

589　10针10行1个花样

590　8针9行1个花样

591　19针19行1个花样

592　35针20行1个花样

593　6针12行1个花样

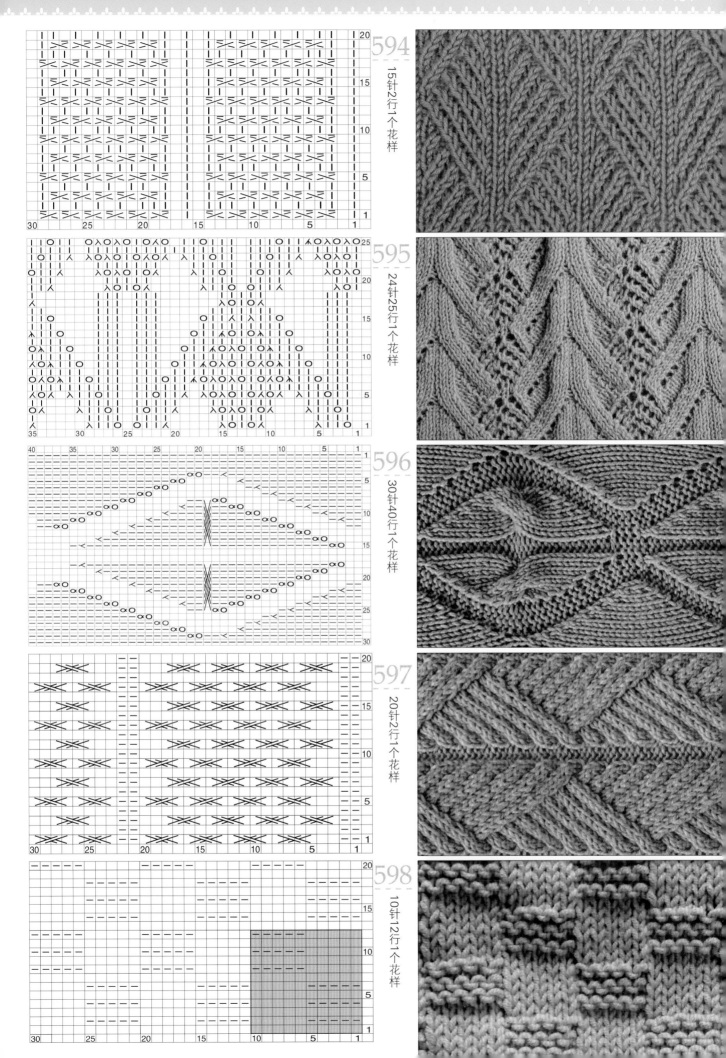

594 15针2行1个花样

595 24针25行1个花样

596 30针40行1个花样

597 20针2行1个花样

598 10针12行1个花样

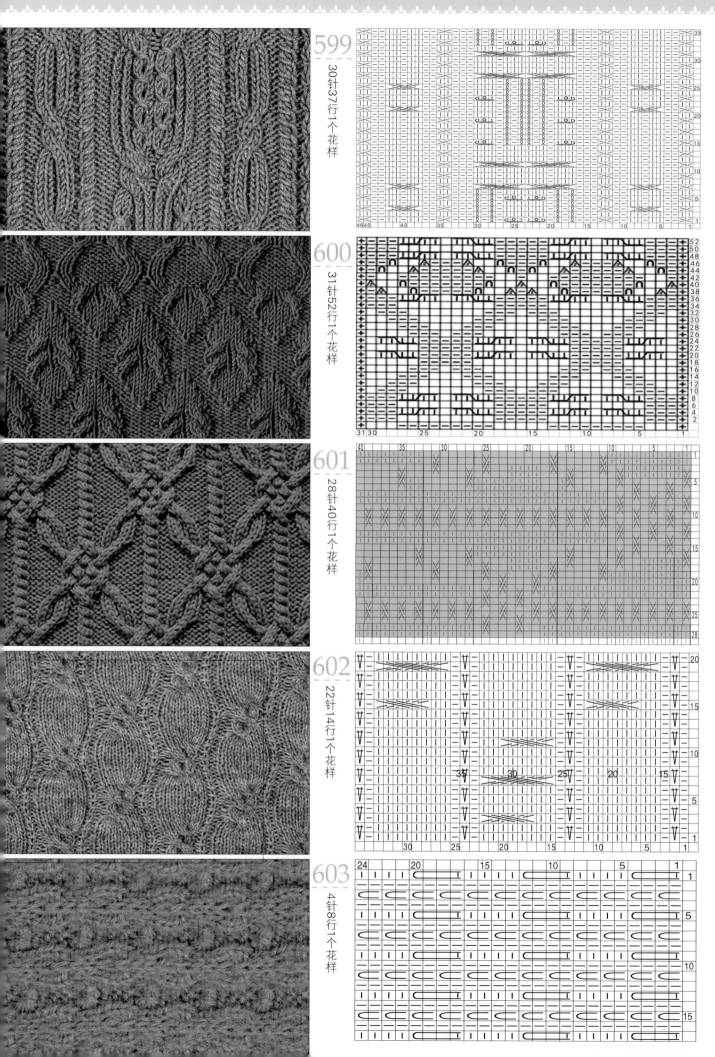

599 30针37行1个花样

600 31针52行1个花样

601 28针40行1个花样

602 22针14行1个花样

603 4针8行1个花样

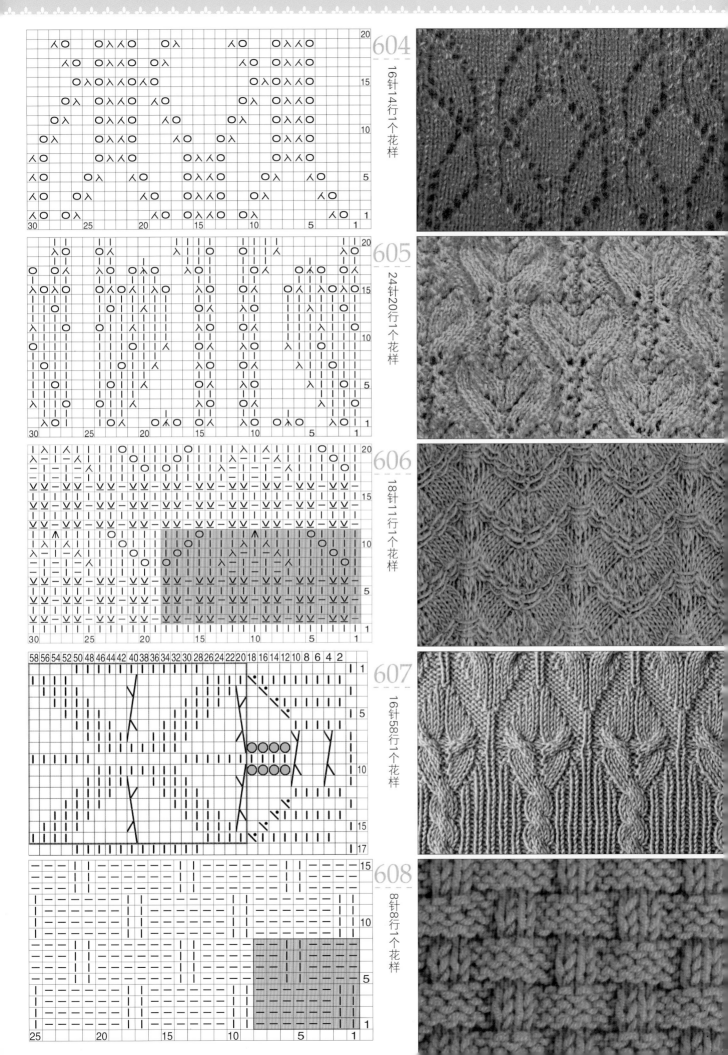

604　16针14行1个花样

605　24针20行1个花样

606　18针11行1个花样

607　16针58行1个花样

608　8针8行1个花样

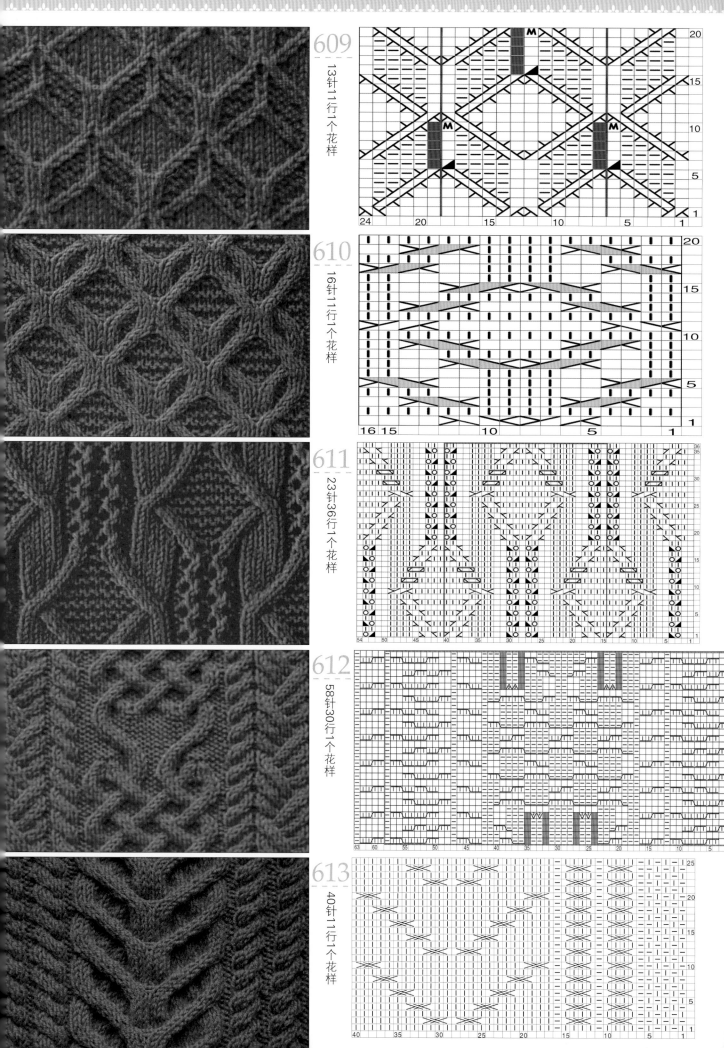

609　13针11行1个花样

610　16针11行1个花样

611　23针36行1个花样

612　58针30行1个花样

613　40针11行1个花样

5 温暖家具作品

□ 下针
— 上针

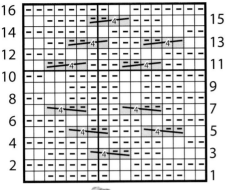

滑 2 针到麻花针
上放在织物后面，织 2 针下
针，接下来从麻花针上织 2
针上针

滑 2 针到麻花针
上放在织物前面，织 2 针上
针，接下来从麻花针上织 2
针下针

615

614

□ 颜色 A，正面行织下针，反面行织上针
— 颜色 A，正面行织上针，反面行织下针
▦ 颜色 B，正面行织下针，反面行织上针
— 颜色 B，正面行织上针，反面行织下针
Ⅴ 颜色 A，正面行以上针方式滑 1 针，并放在织物后
面；反面行以下针方式滑 1 针并放在织物前面
Ⅴ 颜色 B，正面行以上针方式滑 1 针，并放在织物后面；
反面行以下针方式滑 1 针并放在织物前面

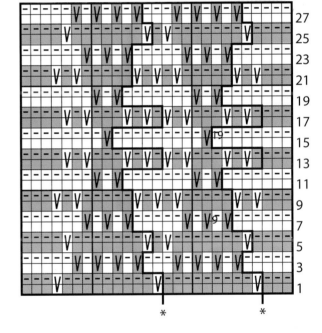

□ 正面织下针，反面织上针
— 正面织下针，反面织上针
╱ 左上 2 针并 1 针　用织下
针的方法将 2 针织在一起
（减 1 针）
╲ 右下 2 针并 1 针（以下针方向分别滑 2 针，将左棒针穿过
两滑针前方，织成 1 个下针）
╱ 左上 3 针并 1 针　用织下针的方
法将 3 针织在一起（减 2 针）
╱ 右下 3 针并 1 针（滑 1 针，织上 2
针并 1 针，将滑针套过并针）
○ 绕线加 1 针

14 针重复 1 次

616

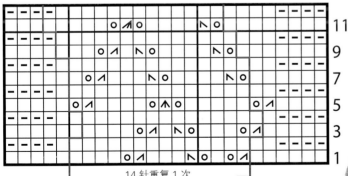

617

□	下针
－	上针

左扭针：第1针移到左针上不织，第2针从线圈的背后织下针，将针目留在毛衣针上，然后从线圈的背后将这2针一起织1针下针

右扭针：将2针一起织下针，同时将这2针留在左针上，2针间插入右针，将第1针织下针，再将这2针从毛衣针上面滑下

618

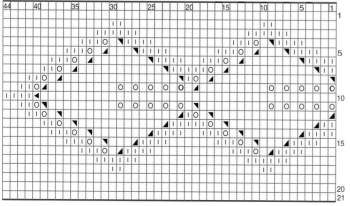

颜色 A，正面行以上针方式滑 1 针，并放在织物后面；反
面行以下针方式滑 1 针并放在织物前面

颜色 B，正面行以上针方式滑 1 针，并放在织物后面；反
面行以下针方式滑 1 针并放在织物前面

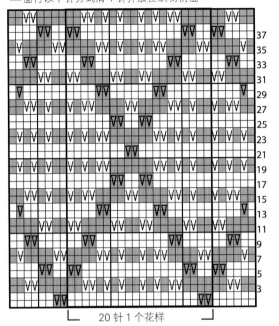

20 针 1 个花样

619

颜色 A，正面行以上针方式滑 1 针，并放在织物后面；反
面行以下针方式滑 1 针并放在织物前面

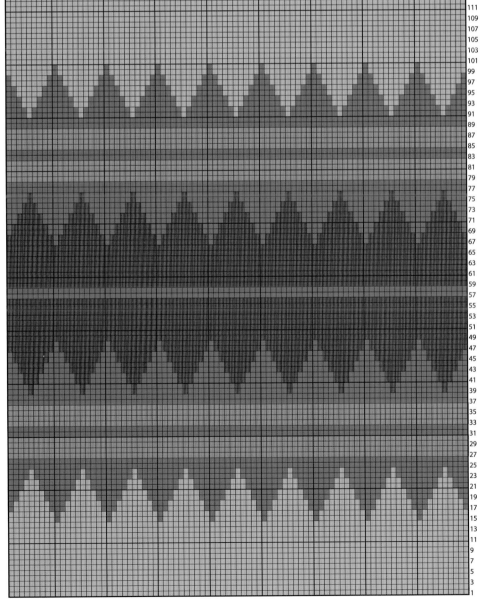

620

621

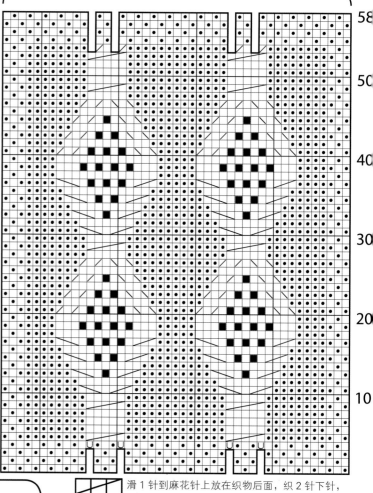

41 针（到第 4 行增加到 45 针）

| — ● 上针 | ☐ 下针 |

滑 1 针到麻花针上放在织物前面，织 1 针下针，接下来从麻花针上织 1 针下针

滑 1 针到麻花针上放在织物后面，织 1 针下针，接下来从麻花针上织 1 针下针

滑 1 针到麻花针上放在织物前面，织 1 针上针，接下来从麻花针上织 1 针下针

滑 1 针到麻花针上放在织物后面，织 1 针下针，接下来从麻花针上织 1 针上针

上针的左上 2 针并 1 针，用织上针的方法将 2 针织在一起（减 1 针）

41 针（到第 4 行增加到 43 针）

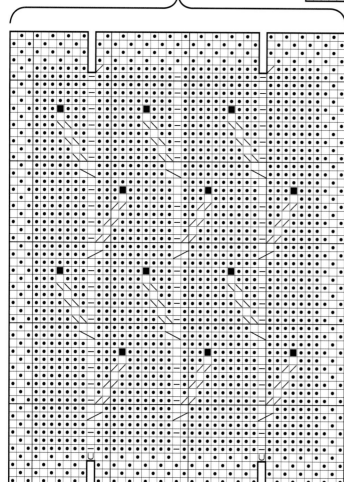

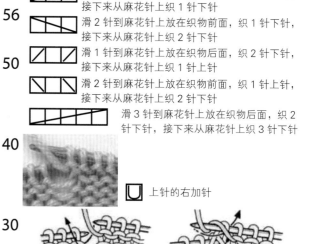

滑 1 针到麻花针上放在织物后面，织 2 针下针，接下来从麻花针上织 1 针下针

滑 2 针到麻花针上放在织物前面，织 1 针下针，接下来从麻花针上织 2 针下针

滑 1 针到麻花针上放在织物后面，织 2 针下针，接下来从麻花针上织 1 针上针

滑 2 针到麻花针上放在织物前面，织 1 针上针，接下来从麻花针上织 2 针下针

滑 3 针到麻花针上放在织物后面，织 2 针下针，接下来从麻花针上织 3 针下针

上针的右加针

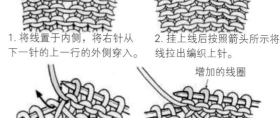

1. 将线置于内侧，将右针从下一针的上一行的外侧穿入。

2. 挂上线后按照箭头所示将线拉出编织上针。

增加的线圈

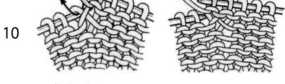

3. 再将针从左针上的线圈外侧穿入，编织上针。

4. 上针的右加针就编织完成了。

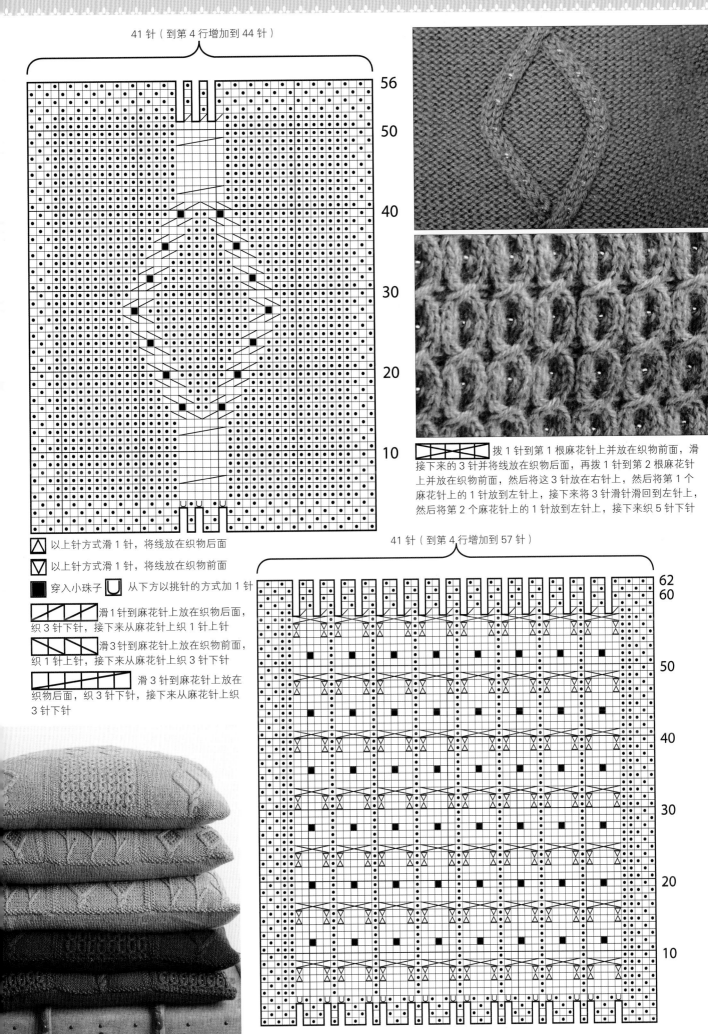

622

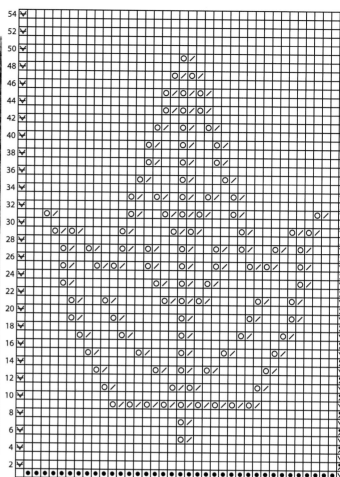

39 针

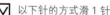

以上针方式滑1针，下一针织上针，
然后将滑针从针套拉出（减1针）

以上针的方式滑1针

以下针的方式滑1针

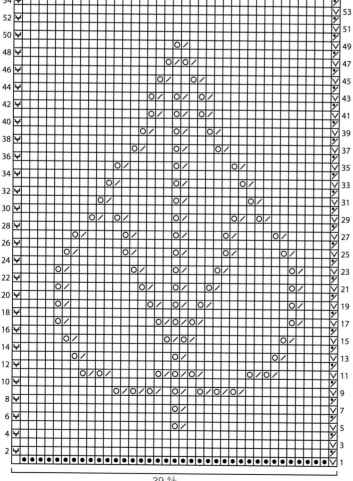

39 针

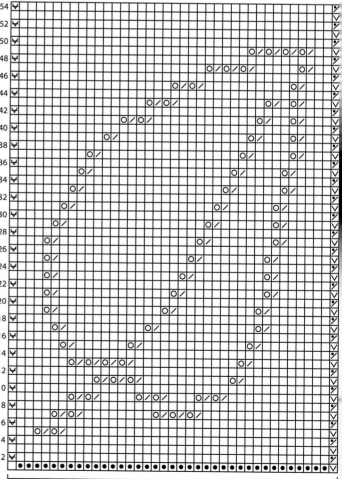

39 针

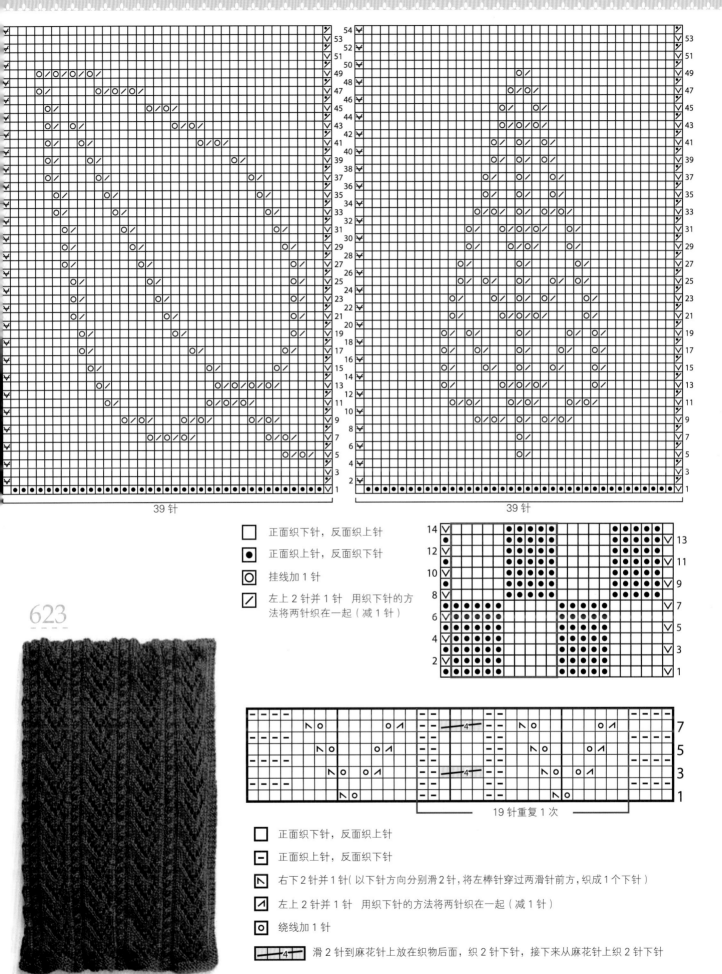

623

624

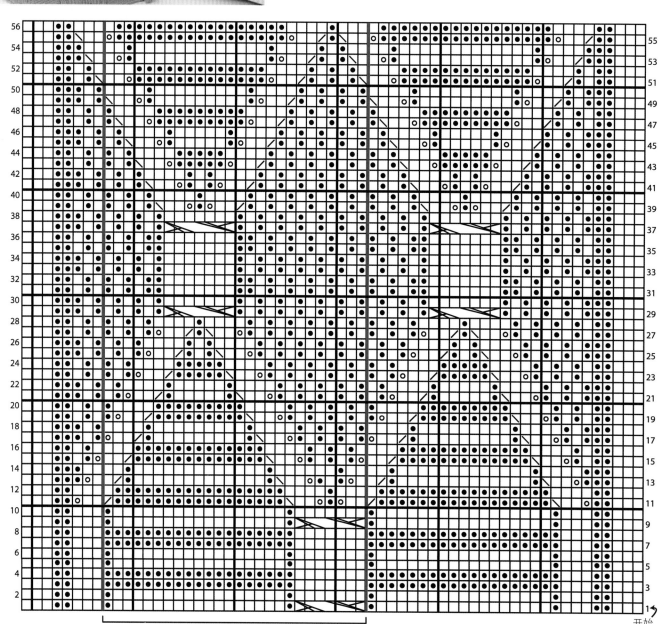

26针重复8次

开始

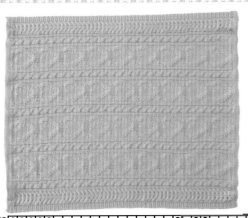

625

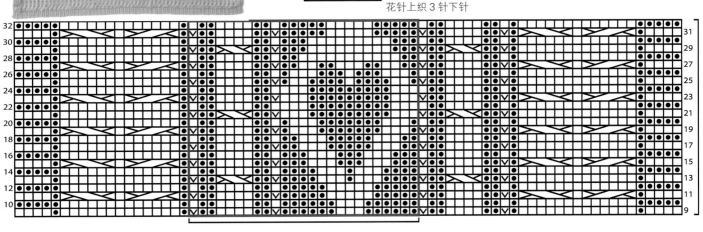

	正面织下针,反面织上针
●	正面织上针,反面织下针
∨	以下针方式滑1针
	滑2针到麻花针上放在织物前面,织2针下针,接下来从麻花针上织2针下针
	滑3针到麻花针上放在织物前面,织3针下针,接下来从麻花针上织3针下针
	滑3针到麻花针上放在织物后面,织3针下针,接下来从麻花针上织3针下针

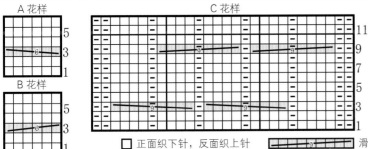

A 花样

B 花样

C 花样

D 花样

	正面织下针,反面织上针
—	正面织上针,反面织下针

滑5针到麻花针上放在织物后面,织4针下针,以上针方式从麻花针滑1针到左针上织1针上针,接下来从麻花针上织4针下针

滑5针到麻花针上放在织物前面,织4针下针,以上针方式从麻花针滑1针到左针上织1针上针,接下来从麻花针上织4针下针

滑3针到麻花针上放在织物后面,织3针下针,接下来从麻花针上织3针下针

滑3针到麻花针上放在织物前面,织3针下针,接下来从麻花针上织3针下针

E 花样

重复6次

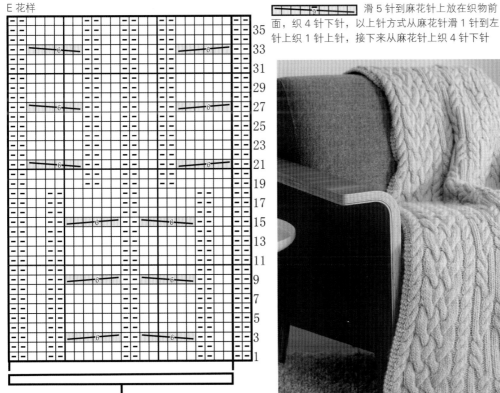

626

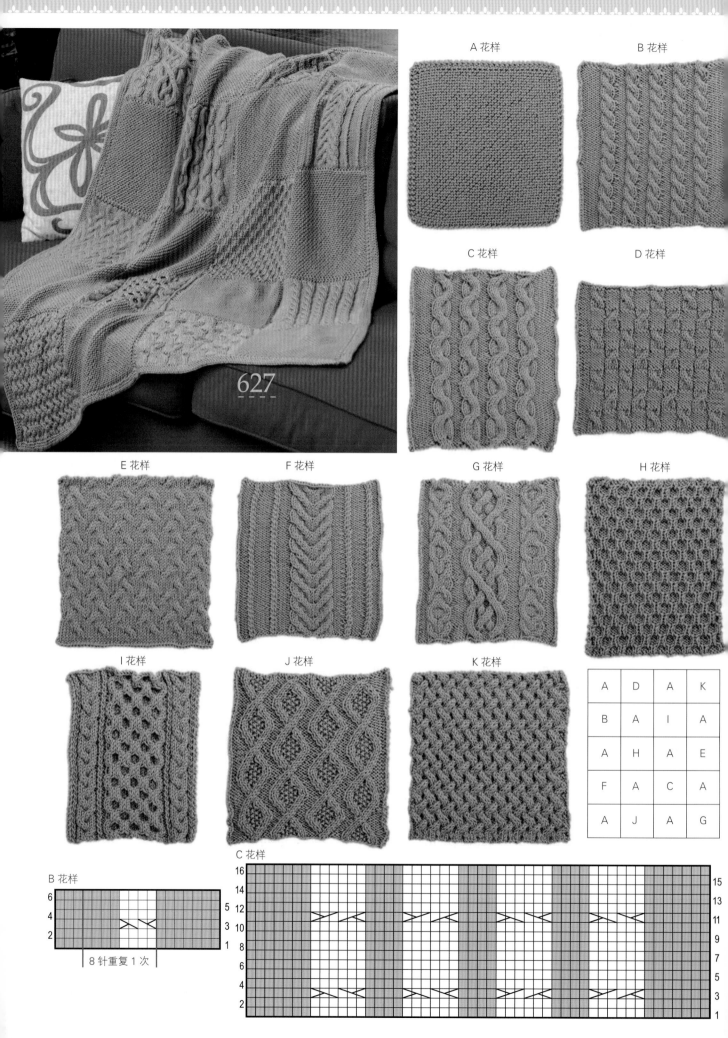

627

A 花样

B 花样

C 花样

D 花样

E 花样

F 花样

G 花样

H 花样

I 花样

J 花样

K 花样

A	D	A	K
B	A	I	A
A	H	A	E
F	A	C	A
A	J	A	G

B 花样

8针重复1次

C 花样

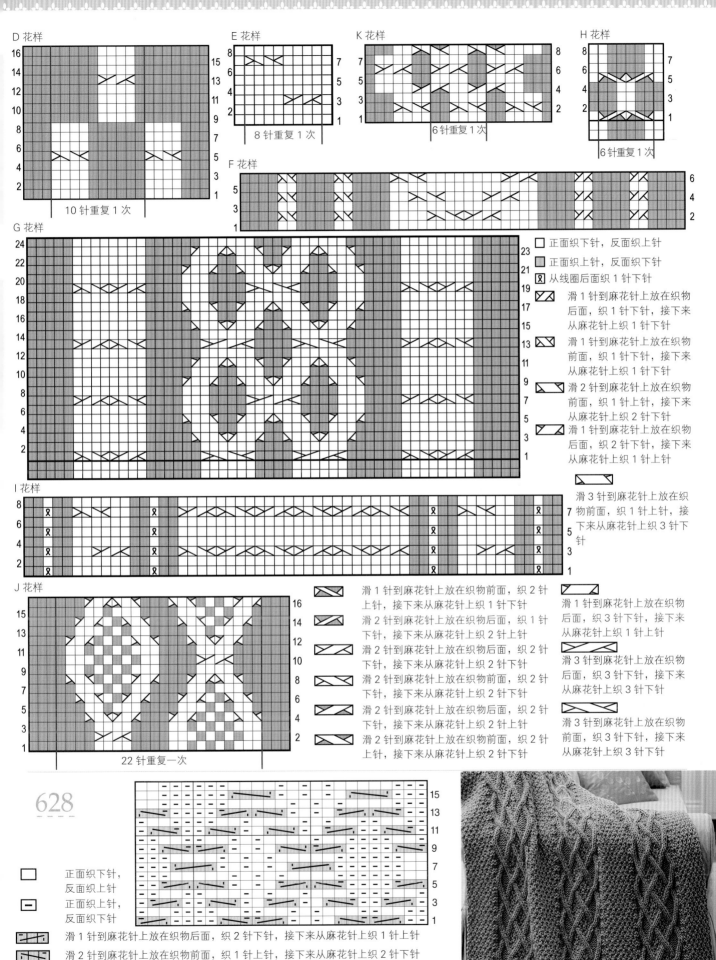

D 花样

10 针重复 1 次

E 花样

8 针重复 1 次

K 花样

6 针重复 1 次

H 花样

6 针重复 1 次

F 花样

G 花样

□ 正面织下针，反面织上针
■ 正面织上针，反面织下针
⊗ 从线圈后面织 1 针下针
滑 1 针到麻花针上放在织物后面，织 1 针下针，接下来从麻花针上织 1 针下针
滑 1 针到麻花针上放在织物前面，织 1 针下针，接下来从麻花针上织 1 针下针
滑 2 针到麻花针上放在织物前面，织 1 针上针，接下来从麻花针上织 2 针下针
滑 1 针到麻花针上放在织物后面，织 2 针下针，接下来从麻花针上织 1 针上针
滑 3 针到麻花针上放在织物前面，织 1 针上针，接下来从麻花针上织 3 针下针

I 花样

J 花样

22 针重复一次

滑 1 针到麻花针上放在织物前面，织 2 针上针，接下来从麻花针上织 1 针下针
滑 2 针到麻花针上放在织物后面，织 1 针下针，接下来从麻花针上织 2 针上针
滑 2 针到麻花针上放在织物后面，织 2 针下针，接下来从麻花针上织 2 针下针
滑 2 针到麻花针上放在织物前面，织 2 针下针，接下来从麻花针上织 2 针下针
滑 2 针到麻花针上放在织物后面，织 2 针下针，接下来从麻花针上织 2 针上针
滑 2 针到麻花针上放在织物前面，织 2 针上针，接下来从麻花针上织 2 针下针

滑 1 针到麻花针上放在织物后面，织 3 针下针，接下来从麻花针上织 1 针上针
滑 3 针到麻花针上放在织物后面，织 3 针下针，接下来从麻花针上织 3 针下针
滑 3 针到麻花针上放在织物前面，织 3 针下针，接下来从麻花针上织 3 针下针

628

□ 正面织下针，反面织上针
− 正面织上针，反面织下针

滑 1 针到麻花针上放在织物后面，织 2 针下针，接下来从麻花针上织 1 针上针
滑 2 针到麻花针上放在织物前面，织 1 针上针，接下来从麻花针上织 2 针下针
滑 2 针到麻花针上放在织物前面，织 1 针下针，接下来从麻花针上织 2 针上针
滑 2 针到麻花针上放在织物前面，织 2 针下针，接下来从麻花针上织 2 针下针

629

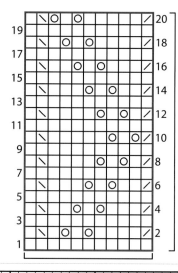

□ 正面织下针,反面织上针

⊙ 绕线加1针

╱ 左下2针并1针

╲ 右下2针并1针

630

□ 正面织下针,反面织上针

⊡ 正面织上针,反面织下针

左下2针并1针

右下2针并1针

右下2针并1针

滑1针到麻花针上放在织物后面,织2针下针,接下来从麻花针上织1针上针

滑2针到麻花针上放在织物前面,织1针上针,接下来从麻花针上织2针下针

滑2针到麻花针上放在织物后面,织2针下针,接下来从麻花针上织2针上针

滑2针到麻花针上放在织物前面,织2针上针,接下来从麻花针上织2针下针

滑2针到麻花针上放在织物后面,织2针下针,接下来从麻花针上织2针下针

滑2针到麻花针上放在织物前面,织2针下针,接下来从麻花针上织2针下针

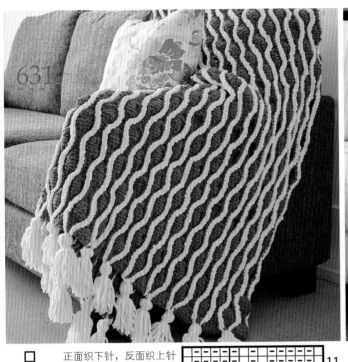

631

632

□ 正面织下针，反面织上针

⊟ 正面织上针，反面织下针

▼ 从相同针目的前面，后面，前面，后面，前面织下针的方式加了4针

◪ 将接下来的5针通过下针的方式织在一起，减了4针

8针一重复　开始　11 9 7 5 3 1

□ 正面织下针，反面织上针　滑3针到麻花针上放在织物后面，织3针下针，接下来从麻花针上织3针下针

⊟ 正面织上针，反面织下针　滑3针到麻花针上放在织物前面，织3针下针，接下来从麻花针上织3针下针

16 14 12 10 8 6 4 2　15 13 11 9 7 5 3 1

633

■ 颜色A，正面行织下针，反面行织上针

⊟ 颜色A，正面行织上针，反面行织下针

□ 颜色B，正面行织下针，反面行织上针

⊟ 颜色B，正面行织上针，反面行织下针

Ⓐ 颜色A，正面行以上针方式滑1针，并放在织物后面；反面行以下针方式滑1针并放在织物前面

Ⓑ 颜色B，正面行以上针方式滑1针，并放在织物后面；反面行以下针方式滑1针并放在织物前面

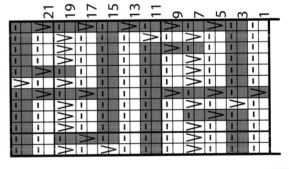

21 19 17 15 13 11 9 7 5 3 1

7 5 3 1

□ 正面织下针，反面织上针

⊟ 正面织上针，反面织下针

Ⓝ 右下2针并1针（以下针方向分别滑2针，将左棒针穿过两滑针前方，织成1个下针）

↗ 左上2针并1针 用织下针的方法将两针织在一起（减1针）

Ⓐ 右下3并针（滑1针，织左上2针并1针，将滑针套过并针）

◎ 绕线加1针

Ⓝ 左上3针并1针 用织下针的方法将3针织在一起（减2针）

↗ 右上3针并1针 用织下针的方法将3针织在一起（减2针）

634

635

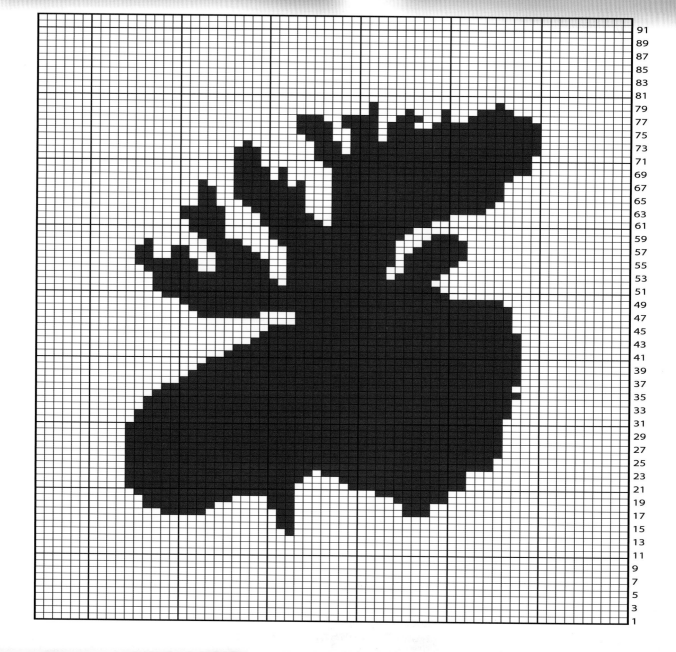

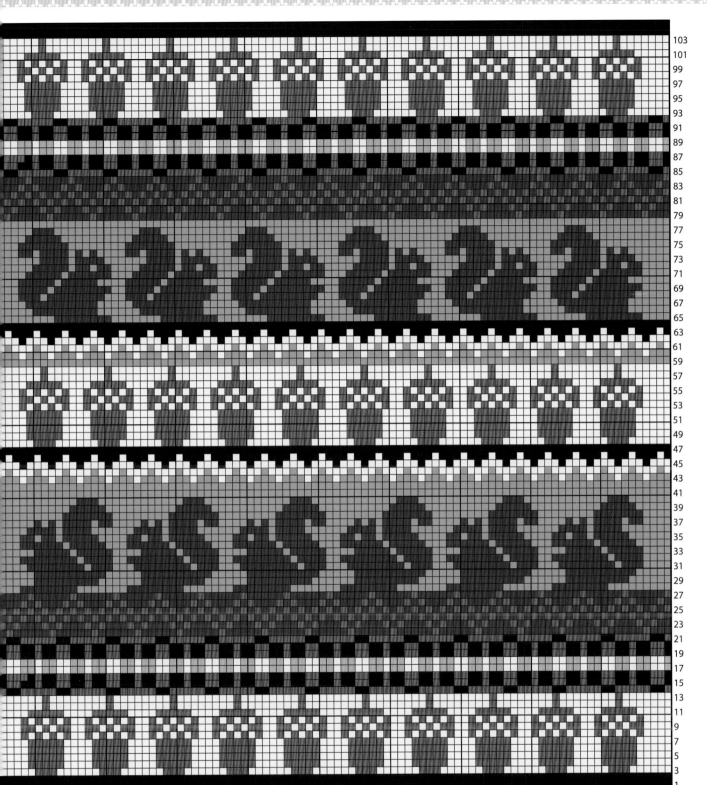

103
101
99
97
95
93
91
89
87
85
83
81
79
77
75
73
71
69
67
65
63
61
59
57
55
53
51
49
47
45
43
41
39
37
35
33
31
29
27
25
23
21
19
17
15
13
11
9
7
5
3
1

636

637

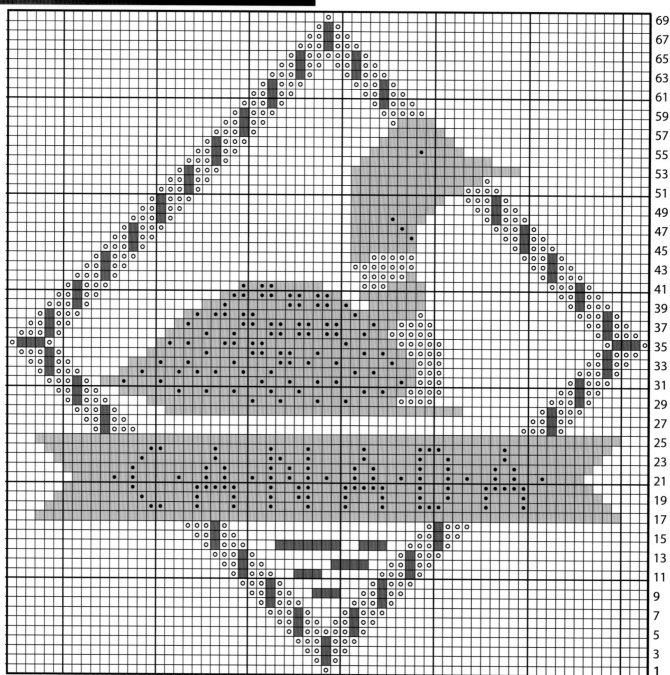

6 针法附录

□ 下针（正面织下针，反面织上针）

● 上针（正面织上针，反面织下针）

○ 挂针（挂线加1针）

左上2针并1针（用织下针的方法将两针织在一起即减1针）

右上2针并1针（滑1针，织1针下针，将滑针套过下针）

上针左上2针并1针

上针右上2针并1针

从下方挑针的方式加1针

以上针方式滑1针，将线放在织物后面

以上针方式滑1针，将线放在织物前面

右下3针并1针（滑1针，织左上2针并1针，将滑针套过并针）

右上2针并1针，滑1针，织1针将滑过的针套拉出（减1针）

左上3针并1针（用织下针的方法将3针织在一起即减2针）

右上3针并1针（用织下针的方法将3针织在一起即减2针）

滑1针，织2针，将滑过的针套拉出

1针下针，1针上针，1针下针，1针上针，1针下针，掉头，同一针里织5并1针

右上1针交叉（滑1针到麻花针上放在织物前面，织1针下针，接下来从麻花针上织1针下针）

左上1针交叉（滑1针到麻花针上放在织物后面，织1针下针，接下来从麻花针上织1针下针）

1针下针和1针上针的右上交叉（滑1针到麻花针上放在织物前面，织1针上针，接下来从麻花针上织1针下针）

1针上针和1针下针的左上交叉（滑1针到麻花针上放在织物后面，织1针下针，接下来从麻花针上织1针上针）

1针和2针的左上交叉（滑1针到麻花针上放在织物后面，织2针下针，接下来从麻花针上织1针下针）

2针和1针的右上交叉（滑2针到麻花针上放在织物前面，织1针下针，接下来从麻花针上织2针下针）

1针下针和2针上针的右上交叉（滑1针到麻花针上放在织物前面，织2针上针，接下来从麻花针上织1针下针）

2针上针和1针下针的左上交叉（滑2针到麻花针上放在织物后面，织1针下针，接下来从麻花针上织2针上针）

2针下针和1针上针的右上交叉（滑2针到麻花针上放在织物前面，织1针上针，接下来从麻花针上织2针下针）

1针上针和2针下针的左上交叉（滑1针到麻花针上放在织物后面，织2针下针，接下来从麻花针上织1针上针）

左上2针交叉（滑2针到麻花针上放在织物后面，织2针下针，接下来从麻花针上织2针下针）

右上2针交叉（滑2针到麻花针上放在织物前面，织2针下针，接下来从麻花针上织2针下针）

2针上针和2针下针的左上交叉（滑2针到麻花针上放在织物后面，织2针下针，接下来从麻花针上织2针上针）

2针下针和2针上针的右上交叉（滑2针到麻花针上放在织物前面，织2针上针，接下来从麻花针上织2针上针）

3针下针和1针上针的右上交叉（滑3针到麻花针上放在织物前面，织1针上针，接下来从麻花针上织3针下针）

1针上针和3针下针的左上交叉（滑1针到麻花针上放在织物后面，织3针下针，接下来从麻花针上织1针上针）

3针和2针的左上交叉（滑3针到麻花针上放在织物后面，织2针下针，接下来从麻花针上织3针下针）

拨1针到第1根麻花针上并放在织物前面，滑接下来的3针并将线放在织物后面，再拨1针到第2根麻花针上并放在织物前面，然后将这3针放在右针上，然后将第1个麻花针上的1针放到左针上，接下来将3针滑针滑回到左针上，然后将第2个麻花针上的1针放到左针上，接下来织5针下针

右上3针交叉（滑3针到麻花针上放在织物前面，织3针下针，接下来从麻花针上织3针下针）

左上3针交叉（滑3针到麻花针上放在织物后面，织3针下针，接下来从麻花针上织3针下针）

左扭针（第1针移到左针上不织，第2针从线圈的背后织下针，将针目留在毛衣针上，然后从线圈的背后将这2针一起织1针下针）

右扭针（将2针一起织下针，同时将这2针留在左针上，2针间插入右针，将第1针织下针，再将这2针从毛衣针上面滑下）

拨2针至曲针并放在织物后面，继续从左棒针上织扭针，再从曲针上织2针上针

正面行以上针方式滑1针，并放在织物后面；反面行以下针方式滑1针并放在织物前面

5针并1针（将接下来的5针通过下针的方式织在一起，减了4针）

3针和2针右上交叉，中间一针是上针（拨针至曲针并放在织物前，织2针下针1针上针，然后曲针上织2针下针）